福建省高职高专农林牧渔大类十二五规划教材

园林观赏植物识别与应用技术

主 编 ◎ 黄梓良（福建林业职业技术学院）

副主编 ◎ 施满容（宁德职业技术学院）
陈汉章（闽西职业技术学院）
王建文（福建农业职业技术学院）

参编人员（按姓名汉语拼音排序）
陈学富（福建省南平市延平区林业局）
方水池（厦门市林业局）
洪棉棉（福建林业职业技术学院）
黄木花（漳州城市职业学院）
刘公梅（福建绿友园艺有限公司）
文章程（福建省武夷山市林业局）
张 英（福州黎明职业技术学院）

U0216579

厦门大学出版社
XIAMEN UNIVERSITY PRESS
国家一级出版社
全国百佳图书出版单位

图书在版编目(CIP)数据

园林观赏植物识别与应用技术/黄梓良主编 .—厦门:厦门大学出版社,2012.8
(2016.1重印)
福建省高职高专农林牧渔大类"十二五"规划教材
ISBN 978-7-5615-3754-1

Ⅰ.①园… Ⅱ.①黄… Ⅲ.①园林植物—观赏植物—高等职业教育-教材 Ⅳ.①S68

中国版本图书馆 CIP 数据核字(2012)第 104369 号

出 版 人	蒋东明
总 策 划	宋文艳
责任编辑	眭 蔚
封面设计	洋墨设计工作室/宋洋
美术编辑	王 琳
责任印制	许克华

出版发行　厦门大学出版社

社　　址	厦门市软件园二期望海路 39 路
邮政编码	361008
总 编 办	0592-2182177　0592-2181253(传真)
营销中心	0592-2184458　0592-2181365
网　　址	http://www.xmupress.com
邮　　箱	xmupress@126.com
印　　刷	厦门市金凯龙印刷有限公司印刷

开本	787mm×1092mm　1/16
印张	11.5
字数	292 千字
印数	2 001～3 500 册
版次	2012 年 8 月第 1 版
印次	2016 年 1 月第 2 次印刷
定价	60.00 元

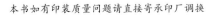

本书如有印装质量问题请直接寄承印厂调换

厦门大学出版社
微信二维码

厦门大学出版社
微博二维码

前　言

　　本教材是闽台合作规划教材,针对以素质教育、创新教育为基础,以学生职业技能培养为本位的 21 世纪高职高专人才培养理念,以高职园林类专业的学生就业为导向,以园林实体企业为背景,面向园林规划设计、园林工程施工、园林工程监理、园林工程组织与管理、花卉园艺师、绿化工等职业岗位,进行工作任务与职业能力分析;同时,以工作过程涉及的专业知识与技能为主线,以岗位职业能力为依据,结合高职院校教学改革和园林行业企业的生产实践,编写中坚持"必需、够用、实用"原则,注重职业能力的培养和训练,将职业素质的培养和提高作为最终目标。

　　本教材精心选择了闽台园林工程中常见的园林观赏植物,具有明显的区域特色。本教材共分为观赏植物认知、针叶类观赏植物识别与应用、阔叶类木本观赏植物识别与应用、藤本类观赏植物识别与应用、竹类观赏植物识别与应用、草本类观赏植物识别与应用六个模块。通过学习,让读者领会观赏植物的美化作用,掌握常见观赏植物的识别要点,熟悉其生态习性、观赏特性和园林应用,为正确识别和应用园林观赏植物奠定坚实的基础。

　　本教材采用了大量的彩色图片资料,加强了植物识别的直观效果。可作为园林技术、城市规划、园艺技术、生物技术、林业技术、旅游管理等专业的教材,也可供上述相关专业的教师、科研人员、工程技术人员参考。

　　本教材由多所高职高专院校的教师和园林、林业行业多个单位的专业技术人员参加编写,历时 2 年完成。本教材编写过程中,得到了各参编单位和个人的大力支持;照片拍摄和文献考证中得到了相关单位的热心帮助,也参考了相关的文献资料。在此,一并向支持和关心本教材编写的专家、学者、专业技术人员表示衷心的感谢。

　　由于编者水平有限,加上时间仓促,书稿中的不足和错误在所难免,恳请广大读者给予批评指正。

编　者

2012 年 7 月于福建南平

目　录

观赏植物认知

1.1 观赏植物概述

观赏植物是指用于园林绿地及室内环境装饰,具有一定观赏价值和生态效应,可改善和美化环境的植物总称。包括观花、观叶、观果、观茎、观根、观芽、赏姿、闻香植物等,是广义的花卉植物,是环境绿化、美化和香化的重要材料。

观赏植物具有种类繁多、形态各异、功能多样的特点。在美化环境,调节小气候,减弱噪声,吸滞粉尘,杀灭有害细菌,吸收有害气体,防止水土流失,促进身心健康,改善和保护生态环境等方面具有重要的作用。观赏植物的应用已越来越受到重视,观赏植物产业已成为现代国民经济的重要支柱产业。

近年来,世界观赏植物贸易呈增长趋势,花卉行业(盆景、盆花、鲜切花、种苗、园林机具、草皮等)的产值每年以 10% 以上的速度递增。花卉产销格局已基本形成,主要花卉生产国及地区花卉产业各具特色。世界花卉生产发展趋势是生产重心正从发达国家向发展中国家转移,发展中国家是潜在的花卉消费市场。

我国的花卉产业历经了 20 多年的恢复和发展,现已成为多部门涉足的新兴产业。观赏植物生产呈现竞相发展的趋势,生产经营由小而全向规模化、专业化方向迈进,涌现了近万家的大中型花卉企业,但产量和质量与国际花卉生产还存在较大的差距。

因此,进一步认识花卉产业,改善观赏植物栽培环境,提高栽培技术水平,开发观赏植物优质资源,开拓国内市场,提高国际市场的占有率,进一步拓宽观赏植物应用渠道,提高应用

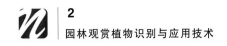

水平,是我国花卉产业目前面临的重要任务。

1.2 观赏植物分类

✳ 1.2.1 植物分类系统简介

1. 恩格勒系统

德国恩格勒 1892 年《植物自然分科志》认为,被子植物的花是由单性的孢子叶球演化而来的。只含小孢子叶和只含大孢子叶的孢子叶球分别演化为雄的和雌的葇荑花序,进而演化成花。因此,被子植物的花是由花序演化来的,它不是真正的花,而是演化了的花序。这种学说称为"假花说",其主要特点为:

(1)单性而又无花被(葇荑花序)是较原始的特征,将木麻黄科、胡椒科、杨柳科、桦木科、山毛榉科、荨麻科等放在木兰科和毛茛科之前。

(2)单子叶植物较双子叶植物原始。

(3)目与科的范围较大。

1964 年,本系统根据多数植物学家的研究,将错误的部分加以更正,即认为单子叶植物是较高级植物,而放在双子叶植物之后,目、科的范围亦有所调整。

由于其著作极为丰富,系统较为稳定而实用,所以在世界各国及中国北方多采用,《中国树木分类学》和《中国高等植物图鉴》等书均采用该系统。

2. 哈钦松系统

英国哈钦松 1926 年《有花植物科志》认为,已灭绝的裸子植物本内苏铁目的两性孢子叶球演化出被子植物的花。即孢子叶球主轴的顶端演化为花托,生于伸长主轴上的大孢子叶演化为雌蕊,其下的小孢子叶演化为雄蕊,下部的苞片演化为花被。这种学说称为"真花说",其主要特点为:

(1)单子叶植物比较进化,排在双子叶植物之后。

(2)在双子叶植物中,将木本与草本分开,木本起源于木兰目,草本起源于毛茛目。

(3)花两性;花的各部分分离、螺旋状排列;具有多数离生雄蕊,花的各部分呈合生或附生;花部呈对生或轮状排列,具有少数合生雄蕊等原始性状。因此,木兰目、毛茛目是被子植物中原始类群,应排在前面。

(4)单叶和叶呈互生排列现象属于原始性状,复叶和叶呈对生或轮生排列现象属于较进化的现象。

(5)目和科的范围较小。

本书蕨类植物按秦仁昌系统排列,裸子植物按郑万钧等编著的《中国植物志》第七卷(1987 年)系统排列,被子植物采用林英、程景福修订的哈钦松有花植物分类系统(1979 年)排列。

✳ 1.2.2 植物分类等级

通常用等级的方法表示每一种植物的系统地位和归属。常用等级为界、门、纲、目、科、属、种。界是最高分类单位,种是基本分类单位。

种(Species):具有相似的形态特征,表现为一定的生物学特性(生态、生理、生化等),在自然界中占有一定的分布区;同种的个体彼此交配产生遗传性相似的后代,而不同种通常存在生殖上隔离或杂交不育。

种具有相对稳定性的特征,但又不是固定不变的,在长期种族延续中是不断地产生变化的,所以在同种内会发现有相当差异的集团,分类学家按照这些差异大小,又在种下分为亚种(Subspecies)、变种(Varietas)、变型(Forma)、栽培变种(Cultivated Varietas)等,分别缩写为:sp. 或 ssp.、var.、f.、cv.。另外还有亚属(Subgenus)、亚科(Subfamily)、亚目(Suborder)、亚纲(Subclass)、亚门(Subdivision)等。

种群:一个分布区的所有种内植物个体的总和。

✳ 1.2.3 人为分类法

1. 按生态习性和生长类型分类

植物按生态习性和生长类型可分为草本植物和木本植物。木本植物又分为乔木类(包括常绿乔木和落叶乔木)、灌木类(常绿灌木、落叶灌木)、藤本类(包括常绿藤本和落叶藤本)。依生长特点又可分为绞杀类、吸附类、卷须类、蔓条类、匍地类。

2. 依对环境因子的适应能力分类

依据植物对热量因子的适应能力,可将植物分为耐寒树种、不耐寒树种、半耐寒树种。依据植物对水分因子的适应能力,可将植物分为耐旱树种、耐湿树种。

3. 依观赏特性分类

依据植物的观赏特性,可将植物分为观叶植物、观花植物、观果植物、观树形植物、观枝干植物、观根植物、赏香味植物等。

4. 依植物在园林绿化中的用途分类

依据植物在园林绿化中的主要用途,可将植物分为孤植树类(园景树、独赏树、标本树)、行道树类、庭荫树类、林带与片林类、花灌木类、藤木类、绿篱类、地被类、桩景类(盆栽、地栽)、其他类(如室内绿化装饰类、垂直绿化类、防护林类)。

5. 综合分类

依据植物的形态、习性及分类学地位进行综合分类,可将观赏植物分为针叶型树类、阔叶型树类(包括常绿乔木、常绿灌木、落叶乔木、落叶灌木)、竹类、棕榈型树类、藤蔓类、草本花卉类、蕨类植物。

✹ 1.2.4 植物拉丁学名

1. 命名的意义

由于同一种植物可能存在不同的名称(同物异名)或不同植物叫同一个名称(同名异物),严重影响了植物的考察研究、开发利用和学术交流。为了避免混乱,1867 年德堪多(A. P. Decando)等人根据国际植物学大会精神,拟定出《国际植物命名法规》,并在每年每届国际植物学会议后加以修订补充。法规是国际植物分类学者命名共同遵守的文献和规章,促使命名方法统一和正确,以便于国际交流。

2. 国际植物命名法规简介

(1)每一种植物只有一个合法的拉丁学名。其他名只能作异名或废弃。

(2)每种植物的拉丁学名包括属名和种加词,另加命名人名。

(3)一植物如有 2 个或 2 个以上的拉丁学名,应以最早发表的名称(不早于 1753 年林奈的《植物志种》一书发表的年代),并且是按法规正确命名的,为合用名称。

(4)一个植物合法有效的拉丁学名必须有有效发表的拉丁文描写。

(5)对于科或科以下各级新类群的发表,必须指明其命名模式才算有效。

(6)保留名:是不合命名法规的名称,按理应不通行,但由于历史上已习惯了,经公议可以保留,但这一部分数量不大。例如科的词尾有一些并不都是以-aceae 结尾,如伞形科 Apiaceae 可写为 Umbelliferae,十字花科 Brassicaceae 可写为 Cruciferae。

3. 命名的方法

现行的植物命名都是采用双名法(binomial system)。林奈 1753 年发表的巨著《植物种志》就采用了双名法,此后,双名法才正式被采用。

双名法就是用 2 个拉丁词(或拉丁化形式的词)构成某一种植物的学名的方法。第一个是植物属名,名词,第一个字母大写;第二个词为种加词,形容词;另外加上定名人。三部分构成一个完整的植物学名。

即:植物学名=属名+种加词+命名人(缩写)。

例如,银白杨:*Populus alba* L. ;桃:*Prunus persica* (L.)Batsch。

对于种下等级的命名,学名=属名+种加词+种下等级的缩写+种下的加词+定名人。

例如,蟠桃:*Prunus persica* var. compressa Bean。

1.3 观赏植物的应用

观赏植物或体形高大、或体态清秀、或枝叶茂密、或根系深广、或姿态优美、或色彩艳丽、或花香浓郁、或韵味独特、或观花或观果或观叶、或赏其姿态,在园林绿地绿化、园林风景构图、环境美化、室内装饰、衬托园林建筑、盆栽盆景、插花艺术等领域具有广泛的应用,对改善和保护环境、陶冶情操起着相当显著的作用。

1.3.1　观赏植物的美

1. 观赏植物的形态美

不同的观赏植物,其形态特征差异明显,构成了千姿百态的叶形、花形、果形、干形和树冠外形,其独特的外观姿态,形成了观赏植物的形态美。如:变叶木的叶片变成耳状、琴形;王莲的叶片宽大如盖,上可载人;猪笼草、瓶子草叶片特化为袋状或囊状;银杏叶片成扇形;马褂木叶片成为马褂状。鹤望兰的花形如仙鹤;蒲包花的花形似荷包;蝴蝶兰的花形像蝴蝶;仙客来的花形似兔耳。腊肠树的果形果色酷似腊肠;雪松、窄冠侧柏的尖塔形和圆锥状冠形,具有一种整齐美,体现严肃、端庄的效果;塔柏、杜松的柱状狭窄树冠具有高大伟岸的壮美,体现高耸静谧的效果;圆柏的圆钝、钟形树冠具有雄伟、浑厚的效果;迎春、连翘、龙爪槐的垂枝或拱枝形的枝条常形成优雅和谐的气氛;垂柳、垂枝梅、龙游梅、龙爪柳下垂或波状弯曲的枝条常构成休闲飘逸的氛围。

2. 观赏植物的色彩美

形形色色的观赏植物,其树皮颜色、叶色、花色、果色各不相同,形成了丰富多彩的色彩资源,体现了观赏植物的色彩美。如:白皮松、悬铃木、柠檬桉、巨尾桉等树皮呈灰白色;金枝国槐、金竹、金枝梅的树皮呈金黄色。红瑞木、山桃的枝干呈红褐色;紫竹的枝干呈紫黑色。女贞、山茶花叶色深绿色;金钱松、米兰叶色淡绿;五角枫春色叶为鲜红色;黄连木春色叶为紫红色;红花檵木、红叶李、紫叶小檗叶色常年紫红;枫香、黄栌、乌桕、柿树秋叶变成红色;银杏、金钱松秋天叶色变成黄色;花叶常春藤、斑叶鹅掌柴、变叶木等绿叶中带有其他颜色的条纹或斑点。花色中,红色系花如桃、石榴、山茶、杜鹃、海棠、桢桐、杏、梅、樱花、蔷薇、月季等;黄色系花如黄花槐、双荚槐、黄花夹竹桃、金钟花、金丝桃、迎春、迎夏、桂花、棣棠;蓝紫色系花如紫花泡桐、紫藤、紫荆、紫玉兰、红花羊蹄甲、杜鹃、木槿、八仙花;白色系花如栀子、茉莉、白茶花、玉兰、荷花玉兰、梨、李叶绣线菊等。木瓜、乳茄、芒果等果实为黄色;火棘、石榴、朱砂根、枸骨冬青、枸杞等果实为红色;桂花、葡萄、紫珠的果实成蓝紫色;女贞、小蜡、常春藤的果实成黑色。

3. 观赏植物的芳香美

有些观赏植物具有浓郁的花香,可刺激人们的嗅觉,给人一种美感与享受。如清香的茉莉花,甜香的桂花,浓香的含笑、卵叶小蜡、白兰花、荷花、玉兰、腊梅,淡香的紫玉兰、梅花、百合,幽香的米兰、兰花。近年来国内外的不少园林绿地或植物园中,专门种植芳香类植物,设置"芳香园"。

4. 观赏植物的意境美

许多观赏植物具有一种抽象而富有思想感情的美。人们在欣赏树木的同时,依据其生态习性和特征,产生移情和联想,赋予其人格化的思想和愿望,约定俗成,为众人公认,形成观赏植物的意境美。如松、竹、梅被称为"岁寒三友",象征着坚贞、气节和高尚;红豆代表相思与眷念;荷花象征着清白与纯洁;柳树象征着依依不舍;菊花象征着清高与孤傲;皇家园林中应用玉兰、海棠、迎春、牡丹、桂花来寓意"玉堂春富贵"。把观赏植物应用于盆景中,是盆景的自然美、野趣美、造型美、艺术美、内涵美、诗情画意美的高度融合和集中体现,是盆景艺术的极致。

✳ 1.3.2 观赏植物的应用

1. 园林绿化中的应用

（1）庭荫树　指种植于庭园或公园以取其绿荫和装点空间为主要目的的树种。一般选择树形美观、冠幅庞大、树荫较浓、观赏价值高的乔木。如香樟、朴树、榉树、梧桐、银杏、七叶树、槐树、栾树、榕树等。

（2）行道树　指种植于各种道路两侧及分车带上的树木。主要功能是遮阴、减弱地面辐射热和反射光、降温、防风、滞尘、减弱噪音、装饰并构成街景。通常选择抗性强、树形美观、枝叶浓密、观赏性强、耐修剪、主干直、分枝点高、寿命长、病虫害少的落叶或常绿乔木，如香樟、羊蹄甲、悬铃木、七叶树、银桦、槐树、银杏、元宝枫等。

（3）园景树（孤赏树）　指种植于庭园和园林局部中心，可独自构成景物的树种。常选择干形奇特，姿态优美，花、果、叶观赏性强的树种。如雪松、金钱松、银杏、桂花、水杉、南洋杉、日本金松、龙柏、龙爪槐等。

（4）花灌木　常指花、叶、果、枝或全株可供观赏的灌木或小乔木。可用于美化分车带，装饰路缘，分割空间，装饰花篱，连接景点的花廊、花架、花门，点缀草坪、池畔、山坡等，是构成园景的主要素材。如山茶、杜鹃、梅花、桃花、樱花、月季、海棠花、榆叶梅、锦带花、连翘、木芙蓉、枸骨、金丝桃、火棘等。

（5）绿篱　指成行密植、修剪整齐形成墙垣的常绿灌木。主要起空间隔离、屏障视线和防范作用，或作雕像、喷泉等的背景。按高低可分为高篱、中篱和矮篱，按观赏性质可分为观叶绿篱和观花绿篱。一般选择耐修剪、多分枝、叶小叶多、枝细枝密和生长较慢的常绿树种，如金叶假连翘、花叶假连翘、金叶女贞、金森女贞、黄金榕、垂叶榕、福建茶、卵叶小蜡、瓜子黄杨、圆柏、侧柏、黄杨、女贞、珊瑚树等。也有以观赏其花、果为主而不加修整的自然式绿篱，如小檗、贴梗海棠、珍珠梅、构桔、木槿等。

（6）藤木　指具有细长茎蔓的木质藤本植物。它可攀缘或垂挂在各种支架上，有些可以直接吸附于垂直的墙壁上，不占或很少占用土地面积，应用形式灵活多样，是各种棚架、凉廊、栅栏、围篱、墙面、拱门、灯柱、山石、枯树等的绿化好材料。在提高绿化质量、丰富园林景色、美化建筑立面等方面有其独到之处。如紫藤、凌霄、络石、爬山虎（地锦）、炮仗花、常春藤、薜荔、葡萄、金银花、铁线莲、素馨、木香等。

（7）木本地被植物　指用于裸露地面或斜坡绿化覆盖的低矮、匍匐的灌木或藤木。如铺地柏、爬翠柏、匍地龙柏、福建茶、红背桂、福建矮竹、箬竹、金银花、爬山虎、常春藤等。

（8）抗污染树种　指对烟尘及有害气体的抗性较强，或能吸收一部分有害气体，起到净化空气作用的树种。它们适用于工厂及矿区绿化。如臭椿、夹竹桃、木槿、榆树、朴树、构树、桑树、刺槐、槐树、悬铃木、合欢、皂荚、无花果、圆柏、侧柏、广玉兰、棕榈、女贞、珊瑚树、大叶黄杨等。

（9）草本花卉的园林绿化造景　草本花卉种类繁多，繁殖系数高，花色艳丽丰富，有很好的观赏价值和装饰作用。其园林绿化造景形式包括草坪镶嵌、立体美化、花坛用花、草坪组花等。

草坪镶嵌是用草本植物在草坪的某些区域点缀或营造花境，使草坪更富色彩。是一种由规则式向不规则式过渡的花坛方式,也可在林缘、路缘、边坡等处营造,形成带状花境。

花坛立体美化主要是用草本观赏植物进行垂直绿化装饰,如制作成花柱、花球、人物、动物等园林小景,或采用栽植观赏植物的方式,装饰美化建筑物的立面。

花坛用花是规则式的花卉应用方式,在一定形体的范围内栽植植物,表现植物的群体美,一般采用几种草本观赏植物搭配种植,以保证全年有花。

草坪组花采用15种以上的一年生和多年生草本花卉混合而成,其中大多数一年生草花具有自播繁衍能力,多年生的草花可3～5年不需要重新播种。如一串红、万寿菊、三色堇、金盏菊、长春花、金鱼草、石竹、太阳花、千日红、矮牵牛、非洲凤仙、矮生向日葵、杂交天竺葵等。

2. 室内绿化装饰中的应用

观赏植物应用于室内绿化装饰,除了要根据植物材料的形态、大小、色彩及生态习性外,还要依据室内空间的大小、光线的强弱和季节变化,以及气氛而定。其装饰方法和形式主要有陈列式、攀附式、悬垂式、壁挂式、栽植式绿化装饰等。

(1)陈列式绿化装饰　是室内绿化装饰最常用和最普通的装饰方式,包括点式、线式和片式三种。其中以点式最为常见,即将盆栽植物置于桌面、茶几、柜角、窗台及墙角,或在室内高空悬挂,构成绿色视点。线式和片式是将一组盆栽植物摆放成一条线或组织成自由式、规则式的片状图形,起到组织室内空间,区分室内不同用途场所的作用,或与家具结合,起到划分范围的作用。几盆或几十盆组成的片状摆放,可形成一个花坛,产生群体效应,同时可突出中心植物主题。使用的器具主要有素烧盆、陶质釉盆、表面镀仿金、仿铜的金属容器及各种颜色的玻璃缸套盆。器具的表面装饰要视室内环境的色彩和质感及装饰情调而定。

(2)悬垂吊挂式绿化装饰　在室内较大的空间内,可结合天花板、灯具,在窗前、墙角、家具旁吊放有一定体量的阴生悬垂植物,以改善室内人工建筑的生硬线条造成的枯燥单调感,营造生动活泼的空间立体美感,且"占天不占地",可充分利用空间。这种装饰要使用金属容器或塑料吊盆,使之与所配材料有机结合,以取得意外的装饰效果。

(3)壁挂式绿化装饰　壁挂式是预先在墙上设置局部凹凸不平的墙面和壁洞,供放置盆栽植物;或在靠墙地面放置花盆,或砌种植槽,然后种上攀附植物,使其沿墙面生长,形成室内局部绿色的空间;或在墙壁上设立支架,在不占用地的情况下放置花盆,以丰富空间。该法应考虑植物姿态和色彩,以悬垂攀附植物材料最为常用,其他类型植物材料也可使用。

(4)攀附式绿化装饰　大厅和餐厅等室内某些区域需要分割时,采用攀附植物隔离,或带某种条形或图案花纹的栅栏再附以攀附植物。攀附植物与攀附材料在形状、色彩等方面要协调,以使室内空间分割合理、协调,而且实用。

(5)栽植式绿化装饰　该法多用于室内花园及室内大厅堂有充分空间的场所。栽植时,多采用自然式,即平面聚散相依,疏密有致,并使乔灌木及草本植物和地被植物组成层次,注重姿态、色彩的协调搭配,适当注意采用室内观叶植物的色彩来丰富景观画面;同时考虑与山石、水景组合成景,模拟大自然的景观,给人以回归大自然的美感。

3. 园林建筑中的应用

中国古典园林的一个特点是园林建筑美与自然美的完美融合,建筑与自然环境的紧密结合是园林建筑的基本特征,依靠园林建筑与周围植物的合理配置,收到相互因借,扬长避

短之效,使景点变得更为完美。园林观赏植物在园林建筑中的应用主要表现为:

(1)突出园林建筑主题　园林中某些景点以植物为命题,而以建筑为标志。如杭州西湖的"柳浪闻莺",以一定数量的柳树配置于主要位置,构成"柳浪"景观;在闻莺馆的四周,种有多层次的乔灌木,使闻莺馆隐蔽于树丛之中,加强了密林隐蔽的感觉。拙政园的"荷风四面亭",以垂柳为主,灌木以迎春为主,四周皆荷,每当仲夏季节,柳荫路密,荷风拂面,清香四溢,体现"荷风四面"之意。它们因植物取名,使植物与建筑情景交融,突出园林建筑主题。

(2)协调园林建筑与环境的关系　在建筑空间与山水空间普遍种植花草树木,以植物独特的形态和质感,使建筑物突出的体量与生硬轮廓软化在绿树环绕的自然环境之中。如北海公园琼华岛上的满山翠柏将山顶的白塔烘托得更加鲜明,更显魅力。苏州留园揖峰轩前探入六角洞窗里的竹枝,沧浪亭漏窗前的红枫,门前的芭蕉都很生动地表现着自然空间流动在建筑空间之中。

(3)丰富园林建筑物的艺术构图　植物的美丽色彩及柔和多变的线条可遮挡或缓和建筑物生硬平直的线条,可使建筑旁的景色取得一种动态均衡的效果。如园洞门旁种植一丛竹或一株梅花,树枝微倾向洞门,以直线条划破圆线条形成对比,增添了园洞的美。杭州西湖闻莺馆两旁有高大的垂柳、枫杨、枫香,中间以常绿的桂花为主,一株垂柳突出其中,常绿与落叶相间,构成有起伏的轮廓线,避免了由于闻莺馆屋顶过大而给人造成头重脚轻的感觉。

(4)衬托园林建筑的意境和生命力　在不同区域栽种不同的植物或突出某种植物,形成区域景观的特征,植物随春、夏、秋、冬的季相变化,春华秋实,盛衰荣枯,园景呈现出生机盎然,变化丰富的景象,衬托园林建筑环境的意境和生命力。如狮子林、燕誉堂南庭、剑石挺拔,枝叶柔蔓,衬以粉墙,在不同季节都有着丰富的景象。苏州留园中的闻木樨香轩亭,周围遍植桂花,开花时节,异香扑鼻,令人神骨俱清,意境十分幽雅。拙政园的海棠春坞的小庭园中,翠竹、湖石、沿阶草使角隅充满画意,体现了主人宁可食无肉,不可居无竹的清高寓意。狮子林的问梅阁、修竹阁等都是因植物而造景得名。

(5)丰富园林建筑空间层次,增加景深　植物的干、枝、叶交织成的网络界面,可起到限定空间的作用。这种稀疏屏障与建筑的屏障相互配合,能形成有围又有透的庭院空间,丰富园林建筑空间层次,增加景深。如扬州片石山房,植物疏密相间,虚实呼应,高低相称,与建筑相互配合,呈现一种和谐之美。颐和园中的谐趣园,由于湖面大而建筑高度有限,空间感仍嫌不足,而建筑物外侧的高大又浓密的乔木,补偿了建筑高度的不足,有效地加强了庭院的空间感。透过园林植物所形成的枝叶扶疏的网络去观赏某一景物,感觉含蓄深远。

总之,植物配置对园林建筑的造景更有着举足轻重的作用,只有恰如其分地处理好植物与园林建筑之间的关系,才能充分体现园林建筑美与自然美的融合。

1.4　观赏植物的配置

观赏植物种类繁多,花色丰富,观赏部位、观赏季节不同,观赏价值不一。如果简单罗列,任意拼凑,随意栽植,不注意花色、花期、花形、叶形、树形的搭配,就会显得杂乱无章或景观逊色。观赏效果和艺术水平,在很大程度上取决于观赏植物的选择和配置。因此,应从观赏植物的观赏特性和园林功能出发,把观赏植物配置成主次分明、疏密相间、错落有致、晦明变化的美丽图景,在构图上能与各种环境适应、协调、统一,以创造优美、长效的植物景观。

✿ 1.4.1　观赏植物配置方式

配置方式是指在园林中植物搭配的样式。要根据具体绿化环境条件和植物的习性而定,一般可分为规则式配置和自然式配置两大类,前者排列整齐,有固定的形式,有一定的株行距;后者自然灵活,参差有致,没有一定的株行距。两者应用于不同的场合,树种选择也各有差异。

1. 规则式配置

观赏植物按照一定的株行距、角度和几何形式有规律地栽植。多应用于建筑群的正前面、中间或周围,配置的树木要呈庄重端正的形象,使之与建筑物协调,有时还把树木作为建筑物的一部分或作为建筑物及美术工艺来运用。

(1)中心植　栽植于广场、树坛、花坛等构图的中心位置,以强调视线的交点。以选用树形整齐、轮廓线鲜明、生长慢的常绿树种为宜,如铅笔柏、云杉、雪松、苏铁等。

(2)对植　两株或两丛同种、同龄的树种左右对称栽植在中轴线的两侧。常运用于建筑物前、大门或门庭的入口处,以强调主景。要求树木形态整齐美观,大小一致,多用常绿树种,如龙柏、云杉、冷杉、南洋杉、苏铁、龙爪槐等。

(3)列植　树木按一定几何形式行列式栽植,有单列、双列、多列等方式。一般由同种、同龄树种组成。多用于行道树、防护林带、绿篱及水边等。

(4)三角形植　株行距按等边三角形或等腰三角形形式。每株树冠前后错开,故可在单位面积内比用正方形方式栽植较多的株数,可经济利用土地面积。但通风透光较差,机械化操作不及正方形栽植便利。

(5)正方形栽植　按方格网在交叉点种植树木,株行距相等。优点是透通风良好,便于管理和机械化操作。多用于用材林或自然式林地的前期栽植。

(6)长方形栽植　按方格网在交叉点种植树木,行距大于株距,是正方形的一种变形。多用于果园定植。

(7)环植　按一定株距把树木栽成圆环的一种栽植方式,多用于圆形广场四周或重点景物周围。由环形、半圆形、弧形、单星、复星、多角星等几何图案组成,可使园林构图富于变化。

2. 自然式配置

自然式配置是仿效树木自然群落构图,没有一定株行距和固定排列方式的栽植方式,以创造一个自然、优美的休息、娱乐环境。采用的树种最好是树姿自然,叶色富于变化,有鲜艳花果者。其配置形式不是直线的、对称的,而是三五成群,有远有近,有大有小,相互掩映,高低错落,疏密有致,生动活泼,宛如天生。

(1)孤植　一株树单独栽植,或两三株同种树栽在一起,孤立欣赏,仍起一株树效果称为孤植。为了充分体现树木的个体美,孤植树的姿态、色彩都要有独特的风格。孤植树附近不要配置其他树木,但在较远处可设置背景树,使其与孤植树产生色彩或体形的对比,以突出孤植树的形态或色彩。栽植的位置突出,常是园景构图的中心焦点和主体。因此,在选择孤植树时要求姿态丰富,富于轮廓线,有苍翠欲滴的枝叶;体态要巨大,树冠要开展,可以形成绿荫,供夏季游人纳凉休息;色彩要丰富,随季相的变化而呈现美丽的红叶或黄叶,最好具有香花或美果。

(2)对植 在规则式构图的园林中,对植要求严格对称,布置在中轴线的两侧。而在自然式园林中,对植不是均衡的对称,在道路进口、桥头、石级两旁、河流入口等处,可采用自然式对植。一般采用同一树种,但其大小、姿态必须不同。动势要向中轴线集中,与中轴线的垂直距离是大树要近些,小树要远些;两树种植点间连线,不得与中轴线垂直,两者连线与轴线斜交,彼此之间要有呼应,顾盼有情,才能求得动势集中。

自然式对植也可以采用株数不相同、树种不相同的配置方法。也可在一侧为一株大树,在另一侧为同树种的两株小树,还可是两个树丛或树群的对植,但树丛或树群的组合,树种必须相近。

(3)丛植 将两株以上至十余株相同或不相同的树木栽植在一起称丛植。是园林绿地中常用的一种种植类型。树丛在园景构图上是以群体来考虑的,主要表现的是群体美,但同时还要表现个体美,其功能为庇荫或观赏。在设计树丛时,除了满足每株树的生态要求之外,还要处理好株间关系和种间关系。就一个单元树丛而言,应有骨干树种形成主体,配以若干陪衬树种。观赏面前植灌木与花丛,中有花木,后植高大乔木,左右成辑拱或顾盼之状,要显示出错落有致、层次深远的自然美。

要注意地方色彩,防止繁琐杂乱,同时还要考虑树种的生态学习性、观赏特性和生活习性相适应。

(4)群植 将十几株至几十株树木按一定的构图方式栽植成独立树木群体的栽植方式称为群植。在构图上主要用于表现群体美,而不表现个体美,而且树群内部各植株之间的关系比树丛更加密切,可作主景、背景使用,是大型园林设计中重要的造景手段。因此,群植应该布置在有足够观赏视距的开阔的场地上。但它又不同于森林,对于小环境的影响没有森林显著,不能像森林那样形成自己独特的社会和森林环境条件。

群植的树群一般不设园路,不允许游人进入,因此,在结构上采用垂直郁闭的方式,上层为大乔木,中下层为小乔木、灌木和宿根草本花卉等,注重外部形态,林冠线要起伏错落,水平轮廓要有丰富的曲折变化,选择树种时还应注意四季的色彩变化、景观效果及种间关系。多布置在接近林缘的大草坪、宽广的林中空地、水中的小岛、宽广水面的边缘以及小山丘顶端等视野比较开阔的地带。

群植的树群有单纯树群和混交树群两种类型。

单纯树群。以同一种树种组成的树群,如圆柏、松树、水杉、杨树等,给人以壮观、雄伟的感觉。多以常绿树种为好,但这种林相单纯,显得单调呆板,而且生物学上的稳定性小于混交树群。

混交树群。在一个树群中有多种树种,由乔木、灌木等组成。在配置时如果用常绿树种和落叶树种混交,常绿树种应为背景,落叶树种在前面;高的树在后面,矮的树在前面;矮的常绿树可以在前面或后面;具有华丽叶片、花色的树在外缘,组成有层次的垂直构图。树群的树种不宜过多,最多不超过5种,通常以1~2种为主,作基调。要注意每种树种的生长速度尽量一致,以使树群有一个相对稳定的理想外形。

(5)片林　又称林植,比群植面积大的自然式人工林。树木的种类和株数较多,可群落式搭配成大的风景林,每个群落可以是单一树种,也可细腻多样,大群小丛,疏密有致,景观自然。林植可分为带状林、密林、疏林、单纯片林和混交片林等。如城乡周围的林带、工矿区的防护林带、自然风景区的风景林等。

片林的结构与树群相同,对小气候的影响与森林相似。在自然风景区应配置色彩丰富、季相变化的树种,还应注意林冠线的变化、疏林和密林的变化。在林间设计山间小道,以创造为游人小憩的自然景色。

在一个大面积的绿地上,从孤植树、树丛、树群、树群组到片林的配置,应协调分布,渐次过渡,使人产生渐远的感觉。例如以风景林或树群作背景,配上颜色不同而和谐的树丛和孤植树,就可以形成各种不同的局部景观。巧妙的配置可以使游人在不同的方向眺望出去,都可以看到许多风趣不同的优美画面。

在实际工作中,无论采取何种配置方式,都要遵循植物的生物学特性,这样才能更好地发挥其功能,为园林景观造景发挥更重要的作用。

✳ 1.4.2 观赏植物配置原则

1. 功能性原则

观赏植物的选择与配置,要从园林的主要功能出发,考虑园林绿地的设计目的和功能,如以提供绿荫为主的行道树地段,应选择冠大荫浓、速生无污染的树种,并按列植方式配置在行道两侧,形成林荫路;以美化为主的地段则应选择树冠、叶、花或果实部分具有较高观赏价值的种类,以丛植或列植方式在行道两侧形成带状花坛;在公园的娱乐区,应该选择树冠开展,树木配置以孤植树为主,使各类游乐设施半掩半映在绿荫中,供游人在良好的环境下游玩;在公园的安静休息区,应以配置利于游人休息和野餐的自然式疏林草地、树丛和孤植树为主。

2. 适应性原则

每一种观赏植物都有它的适生条件,因此,应考虑当地的环境条件,做到因地制宜,适地适树。如木麻黄、海滨木槿等耐盐碱,山茶花、杜鹃花喜酸性土壤,水杉、池杉耐水湿。根据植物对水分的要求,在地下水位较高或较低洼处要栽植耐水湿植物。在污染源附近绿化时,应根据排放气体的性质、种类选抗性强的树种。对耐寒性差的树种,要栽植在小气候好的条件下。气候严寒地区,不宜选择常绿阔叶树作为行道树。对一个特定的绿化小区,要分析具体地段的小环境条件,如在楼南、楼北、河边、山腰等位置应选择与其生境相适应的树种。

3. 协调性原则

植物在生命过程中所表现的特点,如树木的外部形态、生长速度、寿命长短、繁殖方式及开花结实等,在配置时必须与环境相协调,以增加园林的整体美。如在自然式风格的园林中,树木形态应采用自然式风格的树种,而在规则式风格的园林中,则应选择较整齐的或有一定几何形状的树种。在不同结构与不同色彩的建筑物前,应采用与建筑物相协调的树形与色彩,以产生对比衬托的效果。如庄严宏伟、黄瓦红墙的宫殿式建筑,配以苍松翠柏,可以起到相互呼应、衬托建筑主体的效果。在周围都是规则的建筑物而建筑物又有严格的中轴对称时,植物配置也要选择规则式;在自然山水之中,观赏植物则采用自然式配置。

4. 实用性原则

园林建设的主要目的是美化、保护和改善环境。因此,在选择植物时,应该较多地考虑植物的形态美、色彩美,考虑植物造景的美观效果,注重植物的季相变化和"经济实惠",尽量选用优良的乡土树木和抗逆性强的树种。千万不可盲目追求"洋树、古树、稀树、大树"。如道路两侧栽植的树种,应给人以庄重、肃静的感觉等。

✳ 1.4.3 观赏植物配置要点

1. 叶花观赏结合

观赏植物中有些叶色多变而漂亮,如红叶李、红枫叶色紫红,槭树类秋季叶色变红,银杏、无患子等秋季叶色变黄;紫荆春季枝条覆盖紫色花朵,忍冬初夏具大量黄花,秋季有橙红色果;七叶树的春花和秋季的叶黄。若把观叶、观花植物合理搭配,可延长观赏期,同时这些观叶植物也可作为主景放在显赫位置上。即使是常绿植物,也可选择色度对比大的种类进行搭配,效果更好。

2. 层次分布错落

分层配置、色彩搭配是拼花艺术的重要方式。不同的叶色、花色,不同高度的植物搭配,使色彩和层次更加丰富。如1 m高的黄杨球、3 m高的红叶李、5 m高的桧柏和10 m高的枫树进行配置,由低到高,四层排列,构成绿、红、黄等多层树丛。不同花期的种类分层配置,可使观赏期延长。

3. 季相变化明显

观赏植物在不同生长季节体现不同的观赏特性,尽量做到春季繁花似锦,夏季绿树成荫,秋季叶色多变,冬季银装素裹,不同季节,景观各异,使人有一种身临其境的自然风光感觉。避免单调、造作和雷同的植物配置。如早春开花的有:迎春、桃花、樱花、榆叶梅、连翘等;晚春开花的有:蔷薇、玫瑰、棣棠等;初夏开花的有:木槿、紫薇和各种草花等;秋天观叶的有:枫香、红枫、三角枫、银杏、无患子;秋天观果的有:海棠、山楂等;冬季观果的有:火棘、冬青等。在林木配置中,常绿的比例占1/3~1/4较合适,枝叶茂密的比枝叶少的效果好,阔叶树比针叶树效果好,乔灌木搭配的比只种乔木或灌木的效果好,有草坪的比无草坪的效果好,多样种植物比纯林效果好。另外,也可选用一些药用植物、果树等植物来配置,使游人觉得满目青翠、心旷神怡、流连忘返。总之,配置效果应做到三季有花、四季有绿,满足"春意早临花争艳,夏荫浓郁好乘凉,秋色多变赏叶果,寒冬苍翠不萧条"的设计原则。

4. 植物搭配协调

观赏植物配置应在叶形、色彩、花形、树形、高度、寿命和生长势等方面搭配合适,相互协调。同时,还应考虑到每个组合内部植物构成的比例,及这种结构本身与观赏游览路线的关系。设计每个组合还应考虑周围裸露的地面、草坪、水池、地表等几个组合之间的关系。如叶形对比,色彩互补;颜色相同,外形不同。如木绣球前可植美人蕉,樱花树下配万寿菊和偃柏,可达到三季有花、四季常青的效果。又如不论紫色和黄色的深浅度,或是选择其他颜色进行搭配,丝兰硬实、直立的叶片从一群体形较小,质地柔软,叶形较圆的植物(如马樱丹属植物)丛中伸出,其在叶形和外形上的巨大反差,将形成较强的视觉效果。

1.5 观赏植物的识别方法

从事植物分类工作,必须熟悉植物的形态特征,具备合适的识别手段,积累丰富的识别经验,才能正确鉴别不同植物。这些经验概括起来,就是采用看、触摸、嗅、品尝等方法,对植物进行综合的判断。

✳ 1.5.1 看

看就是有目的、细致地观察植物的全貌,掌握植物体上的重要特征(包括植物的外形、颜色、皮孔与腺点、附属毛、刺、翅、卷须及断面等特征),是认识植物的最重要手段。根据看到的形态特征,结合相关的文献资料和识别经验,正确地鉴别植物。

1. 看外形
植物的外形是多种多样的,包含许多特征信息。仅叶形就有20多种,如心形、圆形、三角形、针形、披针形、矩圆形、卵形、肾形、匙形、扇形等。若再看叶尖、叶基、叶缘、叶脉及叶序,所显示的特征信息就丰富多了。正因为如此,很多植物就是依叶形特征而命名的,如马褂木、半边旗、犁头尖等。但有些植物随生长环境或生长时期的改变而发生叶的变异和变态,观察的时候要加以注意。如喜树的幼苗叶缘有锯齿,成熟叶为全缘;水毛茛的沉水叶是丝状全裂,气生叶却是深裂;橄榄幼苗叶片分叉,成熟叶为全缘。

大多数植物的茎是圆柱形,有的呈扁带状(如扁担藤)、三角形(如水蜈蚣)、四方形(如方竹、紫苏、益母草)。有的茎节部膨大(如爵床科、蓼科),有些茎的叶痕明显(如木棉、麻楝),有些茎上有环状托叶痕(如木兰科、榕属),有些茎栓皮很厚(如肉桂、厚朴、杜仲),有些茎的树皮可层层剥落(如白千层),有些茎或节间形态怪异(如佛肚竹、竹节蓼、蟹爪兰)。这些茎上的特征也是识别植物的重要依据。

花的形态千变万化,多姿多彩,各具特色。如莲花的花瓣紧密排列形成莲座状;半边莲的花冠偏在一侧,像半边荷花;鸡蛋花的花瓣白里透黄,甚似蛋清与蛋黄;绣球花盛开的花序状似绣球。此外,玉叶金花、鹰爪、吊灯花、鹤望兰、一串红、红掌等,都是以花的形状命名的。

植物果实的形状也是复杂多变的,可以结合果实的特征进行鉴别判定。如腊肠树的果实长条状,成熟时棕褐色,酷似腊肠;灯笼草的果实被膨大的花萼包藏着,状似灯笼;算盘子的果实像许多红色的算盘珠;羊角拗两个双生果实连在一起形似羊角。许多植物以果实形状命名,如人心果、木菠萝、佛手、蛇瓜、刀豆、面包树、吊瓜树等。

有些植物根的形态也很特殊,可以用作鉴别植物的依据。许多植物以根的形状命名,如金毛狗的根状茎形如小狗,且密被金黄色的长绒毛;紫茉莉的根块状,形如老鼠,俗称"入地老鼠";猪仔笠的块根为纺锤形或球形,酷似小猪;乌头的根呈不规则的圆锥形,略弯曲,形似乌鸦头。

2. 看颜色

有些植物的叶、花、苞片、果实、树皮的颜色很特殊,许多植物以其颜色命名,让人一目了然。如金苞花的苞片金黄色;朱缨花的花丝红色而细长,像一簇簇红色的绒缨;大叶桂樱又称黄泥巴树,其树皮黄褐色,像涂一层黄色泥巴似的;白三叶的三个叶子上有白色条纹;冬青科植物的叶子用烟头一烫,就会出现黑色弧圈;三白草开花时,顶端三片叶子全变白;雁来红的叶色暗紫,秋季大雁南飞时,顶叶变为鲜红色;鸳鸯茉莉花初开时紫蓝色,后变为白色;红丝线、风箱树、大红花的叶子撕烂后,用开水一泡就成红色。

3. 看皮孔与腺点

植物叶片或叶柄上的腺体,以及茎上的皮孔都具有特殊性,可以用来区别不同的植物。如桃金娘科、芸香科的植物,叶片对着阳光一照,可以看到整个叶片布满了油囊,而这往往是辨识植物的依据。如九里香与米兰的叶子很相似,但九里香的叶片有油囊,而米兰没有;千年桐叶柄上腺体为杯状,而三年桐则为半球形,从腺体形态可以区别二者;梅叶冬青茎上有灰白色的点状皮孔;桃花茎上有红褐色的唇形皮孔;臭椿的叶缘有腺锯齿;水团花和风箱树的花很相似,但水团花茎上有皮孔。

4. 看附属毛

很多植物的枝、叶着生茸毛、绒毛、星状毛、绢状毛、刚毛、糙伏毛等。如枇杷叶紫珠枝叶生有灰褐色茸毛;檵木、红花檵木叶背密生灰褐色星状毛;珍珠枫、杜虹花叶背密生黄褐色星状毛;马缨丹的叶片上着生硬刺毛;毛杜鹃的植株密被棕褐色的伏毛。不同性质的毛可以作为认识和区别植物的依据。

5. 看刺

有些植物体上生长着枝刺、托叶刺或皮刺,认真观察区别,可用作判别植物的依据。如枣的托叶特化为一长一短的两枚刺;皂荚的萌芽枝上通常生长着粗壮、圆锥形的枝刺;美丽针葵的叶基几片裂叶特化成硬刺;芸香科、小檗科、蔷薇科、五加科、仙人掌科的植物常有刺,有的还因刺而得名。如勒党又叫鹰不泊,枸骨又名鸟不宿,皆因它们的枝、叶长有硬刺,鸟不能在上面落脚做窝而得名。

6. 看翅

许多植物的茎、叶有翅。如盐肤木和野漆树的形态很相似,但前者的叶轴上有窄翅,与后者有区别;翅茎白粉藤的茎上有狭翅;扶芳藤的茎蔓上有木栓翅;六棱菊的叶子下延成包茎的翅;柑橘属植物具单身复叶,叶柄上也具窄翅;九里香和米兰的形态很相似,但米兰的叶轴上有窄翅,九里香没有;葫芦茶的叶柄有翅,很像倒放的葫芦。

7. 看卷须

不少植物的茎特化为茎卷须或叶片特化为叶卷须,观察植物的时候应加以注意。如葡萄科植物在花枝对应位置长出茎卷须;葫芦科许多种类在叶柄一侧有螺旋状茎卷须;龙须藤的茎上有茎卷须;豌豆及菝葜科植物也长有由叶变态而成的叶卷须。

8. 看断面

不少植物根或茎折断或切开的断面具有特殊的形态特征信息,是识别判断植物的重要依据。如杜仲的枝叶折断后不但有乳液流出，而且还有白色胶丝；鳢肠的茎折断时，伤口流出黑色的汁液；大血藤、鸡血藤、山鸡血藤切断后都会流出红色像血一样的汁液，但大血藤是整个断面流，鸡血藤是皮下木质的每一层都流，山鸡血藤只是皮下流血，而且流出量少；榕属植物折断时，断面上会见到白色或黄褐色乳汁。因此，观察植物根、茎或叶的断面是十分必要的。

🌟 1.5.2　触摸

触摸就是用手去接触、抚摸或揉捻植物，体验人体表皮感触的信息，从而识别和判断植物。如锡叶藤又叫涩叶藤，其叶表面粗糙而干涩；糙叶树的叶用手触摸，有粗糙感；木贼、笔管草又叫锉草，其茎有纵棱，触摸有涩感，可用来打磨金属；鳢肠的叶揉后液变为黑色；蓝果南五味子、潺稿树、大红花、黄葵、黄麻等植物的叶片揉后有黏性；冬青科和卫矛科的植物叶柄拉断有胶质丝；掌叶榕、薜荔、水同木、榕树、盆架树、人心果等折断后，可以看到白色或浅黄色的汁液，有的还会粘手；线纹香茶菜、黄花倒水莲、栀子、姜黄的叶子揉后有黄色的汁液。因此，折断或触摸植物，具有强烈的直观信息，是识别植物的重要手段。

🌟 1.5.3　嗅

嗅就是采用揉碎叶片、剥开果实、切断根茎等方法，用鼻子嗅一嗅植物器官挥发出来的气味，根据不同气味来鉴别类似的植物。如薄荷、山香、山薄荷、球花毛麝香有薄荷味；桃树的叶片有苦杏仁味；鸡屎藤、毛鸡屎藤揉搓后嗅到鸡屎臭味；海风藤、蒌叶有胡椒辣味；罗勒、鱼腥草有鱼腥味；樟、黄樟、阴香的叶及豺皮樟的根都有香樟味；毛大丁草有煤油味；毛麝香有麝香的气味；艾纳香、六棱菊有冰片味；毛罗勒、野香薷有香草味；野芫荽、天胡荽有芫荽味；山苍子的根俗称姜子根、豆豉姜，其根折断后，可嗅到姜味或豆豉味；香茅的叶揉捻后有姜味；桢桐、臭牡丹、臭茉莉三种植物很相似，但桢桐的叶子不臭，臭牡丹的叶子还没有揉捻便十分臭，而臭茉莉的叶子揉捻后才有臭味。

🌟 1.5.4　品尝

品尝就是用舌、唇来感受某些植物的味道，根据舌、唇的感觉来辨别植物。通常在有经验人的指导下，采用微量而又不吞咽的方法进行。如扛扳归、马齿苋、酢浆草、酸果藤的叶有酸味；辣椒、胡椒、胡椒木、飞龙掌血、山肉桂、九里香、姜等有辛辣味；余甘子、秤星树的根先苦后甜；金纽扣的花蕊、两面针的皮、九里香的叶子有麻舌感；龙须藤、桃金娘、大血藤、锡叶藤、番石榴、算盘子等的根有涩味；三桠苦和穿心莲的叶、铁冬青的皮、黄连的根都有苦味；野甘草、相思藤的叶有甘味；盐肤木的秋冬果实具有咸味；甜叶菊、山矾的鲜叶有甜味。对毒性较大或生物碱含量高的植物，如钩吻、洋金花、海芋、巴豆、夹竹桃、天南星、土半夏、白木香（种子）等植物切勿轻易尝试。

1.6 观赏植物的形态术语

✳ 1.6.1 茎和枝条

1. 木本植物：植物茎的木质化程度高，一般比较坚硬，可以分为乔木、灌木和木质藤本。

2. 草本植物：植物茎的木质化程度弱，或不木质化，一般可以分为一年生草本、二年生草本、多年生草本和草质藤本。

3. 乔木：是指植物高大，主干明显，树高 6 米以上的木本植物。

4. 灌木：是指植株低矮，主干不明显，树高 6 米以下的木本植物。

5. 常绿植物：是指单个叶片的生长周期超过一年，一年四季都有叶片的植物。

6. 落叶植物：是指每年秋冬或干旱季节叶片全部脱落的植物。

7. 单轴分枝（总状分枝）：是指主干的顶芽生长始终占优势，形成主干明显、通直，主干上又有多次分枝，树冠尖塔形、圆锥形的一种植物分枝方式。裸子植物大多如此。

8. 合轴分枝：是指主干的顶芽生长到一定时期即停止生长，由靠近顶芽的侧芽所代替，新枝的顶芽发育到一定时期，又被侧芽所代替，树冠常呈伞形的一种植物分枝方式。多数互生叶类树木常如此。

9. 假二歧分枝：是指主干生长到一定时期，顶芽不再发育或形成花芽，由顶芽下两个对生的腋芽发育成两个叉状的侧枝，树冠成伞形的一种植物分枝方式。多数对生叶类树木常如此。

10. 节：枝条上着生叶的部位为节。

11. 节间：两节之间的部位称节间。

12. 托叶痕：托叶脱落后在枝条上留下的痕迹。

13. 芽鳞痕：芽鳞脱落后在枝条上留下的痕迹。

14. 叶痕：叶片脱落后叶柄基部在枝条上留下的痕迹。

15. 叶迹：又称维管束痕，指叶片脱落后叶柄维管束在叶痕中留下的痕迹。

16. 皮孔：枝条表面由通气组织形成的小裂口。

17. 髓心：枝条的中心部分。全部充实的称实心；全部中空的称空心；有片状分隔的称片状。

18. 变态枝：形态和功能改变的枝条。

19. 枝刺：叶腋部位由枝变成具有保护功能的刺。

20. 茎卷须：茎变态为柔韧、具缠绕性的须状物。

21. 吸盘：是茎的一种变态，位于卷须的末端呈盘状，能分泌黏质以黏附他物。

22. 叶状枝：叶片退化，由茎变成叶片状代替叶的生理功能。

23. 根状茎：又称根茎，指横生于地下的肉质，节和节间明显，先端生有顶芽，节上常有退化的鳞片叶与腋芽,并常生有不定根的一种变态地下茎。

24. **块茎**:指横生于地下的肉质、膨大、不规则、节间短缩、外形不一的一种变态的地下茎。

25. **球茎**:又称实心鳞茎、鳞茎状块茎。指节明显,节间短缩肉质膨大成球状或扁球状的变态直生茎。

26. **鳞茎**:是指茎短缩呈盘状,其上着生肥厚鳞叶的一种变态的地下茎。

27. **春材**:又称早材,春夏季,细胞分裂强,生长快,所形成的细胞较大的疏松木材。

28. **秋材**:又称晚材,秋冬季,细胞分裂弱,生长慢,所形成的细胞较小的紧密木材。

29. **年轮**:木本植物主干横断面上,春材和秋材构成的同心轮纹。

1.6.2　芽

1. **芽**:是枝条或花的原始体。
2. **顶芽**:着生在枝条顶端的芽。
3. **腋芽**:着生在叶腋间的芽。
4. **并生芽**:叶腋内并列着生的芽。
5. **叠生芽**:叶腋内上下重叠着生的芽。
6. **柄下芽**:隐藏在叶柄下的芽。
7. **不定芽**:除了顶芽和腋芽外,生长在根、叶或茎的其他部位上的芽。
8. **叶芽**:萌发后形成枝条的芽。
9. **花芽**:发育形成花和花序的芽。
10. **混合芽**:既长枝叶又可开花的芽。
11. **鳞芽**:芽体外面包有芽鳞的芽。
12. **裸芽**:芽体外面没有芽鳞包被的芽。

1.6.3　叶

1. **完全叶**:具有叶片、叶柄、托叶三部分的叶。
2. **不完全叶**:缺少叶片、叶柄、托叶中一个或两个部分的叶。
3. **叶片**:叶柄顶部的宽扁部分。
4. **叶柄**:叶片与枝条连接的部分。
5. **托叶**:叶子或叶柄基部两侧小型的叶状体。
6. **叶腋**:指叶柄与枝条夹角内的部位,常具腋芽。
7. **单叶**:一个叶柄只长一个叶片,且叶片与叶柄无关节的叶。
8. **复叶**:一个叶柄具有两片或两片以上可分离的叶片。
9. **叶序**:叶片在枝条上的着生排列方式。
10. **互生**:每节只生一个叶片,叶片在枝上交互而生。
11. **对生**:每节相对着生两个叶片。
12. **轮生**:每节着生三个以上叶片。

13. 簇生:节间极度缩短,叶片成簇状密集丛生。

14. 基生:靠近地面的茎上,叶片成簇生长。

15. 叶形:指叶片的整体形状。

(1)鳞形:叶细小如鳞片状。

(2)锥形:又称钻形,叶形似尖锥,横切面成菱形。

(3)针形:叶形细长,坚硬如针。

(4)刺形:叶扁平狭长,先端渐尖。

(5)条形:叶较扁平窄长,两侧边缘近平行。

(6)披针形:叶长为宽的3~5倍,中部以下最宽,上部两侧渐窄。

(7)倒披针形:叶长为宽的3~5倍,基部两侧渐窄,最宽部在中部以上。

(8)椭圆形:叶长为宽的2~4倍,最宽的部位在中部,两端渐窄。

(9)卵形:叶片长为宽的3倍以下,中部以下最宽。

(10)匙形:状如汤匙,全形狭长,先端宽而圆,向下渐窄。

(11)卵形:形如鸡蛋,长约为宽的2倍或更小。

(12)倒卵形:颠倒的卵形,最宽处在上端。

(13)圆形:形状如圆盘,叶长、宽近相等。

(14)长圆形:又称矩圆形,长方状椭圆形,长约为宽的3倍,两侧边缘近平行。

(15)椭圆形:近于长圆形,但中部最宽,两端渐窄近圆形,长约为宽的1~2倍。

(16)菱形:近斜方形。

(17)三角形:叶状如三角形。

(18)心形:叶先端尖或渐尖,基部内凹具二圆形浅裂及一弯缺,状如心。

(19)肾形:叶先端宽钝,基部凹陷,横径较长,状如肾。

(20)扇形:叶顶端宽圆,向下渐狭,状如扇。

16. 叶尖:远离叶柄的叶片先端。

(1)急尖:叶片顶端突然变尖,先端成一锐角,短而尖锐。

(2)渐尖:叶尖较长,顶端逐渐变尖锐。

(3)钝尖:叶先端钝或窄圆形。

(4)微凹:叶先端圆而有不明显的凹缺。

(5)微缺:叶先端有一显著缺刻。

(6)尾尖:叶先端渐狭成尾状。

(7)突尖:叶先端钝圆,而中央突出一短渐尖。

(8)凸尖:叶先端由中脉延伸于外而形成一短突尖或短尖头,又叫具短尖头。

(9)芒尖:凸尖延长成芒状。

(10)骤尖:又称骤凸,指叶先端逐渐尖削成一个坚硬的尖头,有时也用于表示突然渐尖头。

(11)截形:叶先端平截。

(12)二裂:叶先端具二浅裂。

17. 叶基:靠近叶柄的叶片基部。

(1)心形:叶基部与叶柄连接处凹入成缺口,两侧钝圆。

（2）耳垂形:叶基部两侧呈耳垂状。

（3）楔形:叶中部至叶柄间渐狭如楔子状。

（4）下延:叶片基部很狭,延伸至叶柄基部。

（5）偏斜:叶片基部两边不对称。

（6）截形:叶片基部平截,略呈一直线。

（7）渐狭:叶基两侧向内渐缩,形成具翅状叶柄的叶基。

（8）圆形:叶基部呈圆形。

（9）鞘状:叶片基部伸展形成鞘状。

（10）盾状:叶柄着生于叶背部的一点。

（11）合生抱茎:两个对生且无柄叶片,基部合生成一体。

18. 叶缘:指叶片的边缘。

（1）全缘:叶缘平,不具任何齿缺。

（2）锯齿:叶缘具尖锐的锯齿,齿端向前,齿端不等。

（3）重锯齿:叶缘大锯齿中又有小锯齿。

（4）齿牙:叶缘具三角形尖齿,齿的两边缘近相等。

（5）钝齿:齿端钝圆。

（6）波状:叶缘似波浪。

（7）缺刻:边缘具不整齐较深的裂片。

19. 叶裂:叶缘凹入和凸出的程度较齿状叶缘深而大。

（1）羽状裂:叶片长,裂片呈羽毛状排列。

（2）羽状浅裂:叶裂片呈羽毛状排列,其缺口至中脉不及叶片的1/2。

（3）羽状深裂:叶裂片呈羽毛状排列,其缺口至中脉超过叶片的1/2。

（4）羽状全裂:叶裂片呈羽毛状排列,其缺口抵达中脉。

（5）掌状裂:叶片具3～5条放射状主脉,叶缘缺口沿叶脉间凹入,裂片呈掌状排列。

（6）掌状浅裂:叶裂片呈掌状排列,其缺口不超过叶片的1/2。

（7）掌状深裂:叶裂片呈掌状排列,其缺口超过叶片的1/2。

（8）掌状全裂:叶裂片呈掌状排列,其缺口抵达中脉。

20. 叶脉:贯穿在叶肉内的维管束,起输导和支持作用。

（1）主脉:叶片中部较粗的叶脉,又叫中肋或中脉。

（2）侧脉:由主脉向两侧分出的次级脉。

（3）细脉:由侧脉分出,并联结各侧脉的细小脉,又叫小脉。

21. 脉序:叶脉在叶片中的分布形式。

（1）网状脉:指叶脉数回分枝变细,而小脉互相连接成网状。

（2）羽状脉:主脉明显,侧脉自主脉的两侧发出,排列成羽状。

（3）三出脉:由叶基伸出三条主脉。

（4）离基三出脉:羽状脉中最下一对较粗的侧脉出自离开叶基稍上之处。

（5）掌状脉:几条近等粗的主脉由叶柄顶端生出。

（6）平行脉:叶脉平行排列。

（7）直出平行脉:侧脉和主脉彼此平行直达叶尖。

(8)侧出平行脉:侧脉与主脉互相垂直,而侧脉彼此互相平行。

(9)弧形脉:叶脉呈弧形,自叶片基部伸向叶先端。

(10)射出平行脉:叶脉从叶柄顶端出发,呈放射状向四周分布。

22. 叶质:叶片的质地。

(1)肉质:叶片肉质肥厚,含水较多。

(2)纸质:叶片较薄而柔软。

(3)革质:叶片较厚、坚韧、光亮,表皮明显角质化。

23. 叶轴:复叶的总叶柄。

(1)羽状复叶:小叶排列在叶轴两侧,呈羽毛状。

(2)奇数羽状复叶:小叶排列在叶轴两侧,叶轴顶端只有一个小叶。

(3)偶数羽状复叶:小叶排列在叶轴两侧,叶轴顶端长两个小叶。

(4)一回羽状复叶:羽状复叶的叶轴不分叉。

(5)二回羽状复叶:羽状复叶的叶轴分叉一次。

(6)三回羽状复叶:羽状复叶的叶轴分叉两次。

(7)掌状复叶:5～7个小叶呈掌状着生在叶轴顶端。

(8)三出复叶:掌状复叶中只具三枚小叶的,特称三出复叶。

(9)单生复叶:一个叶柄上只着生一片小叶,叶片与叶柄之间有关节,叶柄上有翼。

24. 变态叶:功能及形态发生改变的叶片。

(1)芽鳞:芽体外面所覆盖的鳞片状的变态幼叶。

(2)叶刺:叶片特化变为刺。

(3)托叶刺:在侧芽基部两侧发生的刺状变态叶。

(4)叶卷须:叶片特化变为可攀缘生长的卷须。

(5)叶状柄:叶片退化,叶柄变成扁平叶状代替叶片的功能。

(6)心皮:又称子房壁,是指具有繁殖功能的变态叶。

✵ 1.6.4　花

1. 典型花:又称完全花,指具有花萼、花冠、雄蕊和雌蕊四部分的花。

2. 不完全花:缺少花萼、花冠、雄蕊和雌蕊中一部分的花。

3. 花被:花萼和花冠的合称。

4. 花萼:位于花各部的最外轮,常由绿色的萼片组成。

(1)离萼:萼片完全分离的花萼。

(2)合萼:萼片合生的花萼。

(3)副萼:具有两轮花萼,其中外轮花萼称副萼。

(4)宿萼:果实成熟后仍然存在的花萼。

5. 花冠:在花萼的内轮,由花瓣组成。

(1)离瓣花:花瓣分离的花。

(2)合瓣花:花瓣合生的花。

6. 雄蕊:是种子植物产生花粉的雄性生殖器官,由花丝和花药组成。

（1）二强雄蕊：雄蕊 4 个，花丝分离，其中 2 个较长，2 个较短。

（2）四强雄蕊：雄蕊 6 个，花丝分离，其中 4 个较长，2 个较短。

（3）单体雄蕊：雄蕊多数，花丝全部合生成筒状，包围着雌蕊。

（4）二体雄蕊：雄蕊 10 个，其中 9 个花丝连合，1 个单生。为蝶形花科植物常有。

（5）多体雄蕊：雄蕊多数，花丝基部连合为多组，上部分离。

（6）聚药雄蕊：雄蕊数个，花丝分离而花药连合。

（7）雄蕊群：一朵花中全部雄蕊的总称。

7. 雌蕊：种子植物的雌性生殖器官，由 1 至多个心皮（变态叶）卷合而成，包括柱头、花柱和子房。

（1）单雌蕊：由 1 个心皮组成的雌蕊。

（2）离心皮雌蕊：由多个彼此分离的心皮形成的雌蕊。

（3）合心皮雌蕊：又称复雌蕊，是指由 2 个以上心皮合生的雌蕊。

（4）雌蕊群：一朵花中全部雌蕊的总称。

（5）腹缝线：心皮卷合成雌蕊时，心皮边缘（相当于叶缘）连合处。

（6）背缝线：心皮卷合成雌蕊时，心皮的背部（相当于叶的中脉部分）。

8. 雄花：仅有雄蕊的花。

9. 雌花：仅有雌蕊无雄蕊或雄蕊退化的花。

10. 两性花：一朵花中兼有雄蕊和雌蕊的花。

11. 单性花：一朵花中仅有雄蕊或雌蕊。

12. 杂性花：同一种植物既有单性花又有两性花。

13. 雌雄同株：雌花、雄花长在同一植株上。

14. 雌雄异株：雌花、雄花分别长在不同植株上。

15. 花托：花梗顶端着生花各部的部位。

16. 花盘：花托的扩大部分，常生于子房的基部或介于雄蕊和花瓣之间，呈杯状、环状或腺体状。

17. 两被花：花萼和花瓣都具备的花。

18. 单被花：缺少花萼或缺少花冠的花。

19. 无被花：缺少花萼与花冠的花。

20. 整齐花：又称辐射对称花。一朵花的花瓣大小相似，通过花心有两个以上对称面的花。

21. 不整齐花：又称两侧对称花。一朵花的花瓣大小不等，通过花心只能切得一个对称面的花。

22. 花药：是雄蕊的主要部分，通常由 4 个花粉囊组成，成熟后花粉囊壁裂开，散出花粉。

（1）纵裂：花药成熟时，花药沿两个花粉囊之间开裂。

（2）孔裂：花药成熟时，花药顶端开裂成孔状。

（3）瓣裂：花药成熟时，花粉囊外壁像窗门一样自下而上揭开。

23. 花药着生方式：花药在雄蕊上的着生形式。可分为全着药、背着药、个着药、丁着药等类型。

24. 子房位置：子房在花托上与花瓣的相对位置。

(1)子房上位(下位花)：子房仅以底部与花托相连，花托不凹入，花萼、花瓣、雄蕊生于子房基部的花托上。

(2)子房下位(上位花)：花托凹入成壶状，整个子房埋在壶状花托中并与花托愈合，花的其他部分着生于壶状花托口的边缘。

(3)子房半下位(周位花)：花托凹入成杯状，子房的下半部埋在花托中并与花托愈合，上半部露出。

25. 胎座：子房内着生胚珠的部位。

(1)边缘胎座：由单心皮雌蕊构成的一室子房，胚珠着生在腹缝线上。

(2)基生胎座：由一或二心皮构成的一室子房，胚珠着生在子房的基部。

(3)侧膜胎座：多心皮雌蕊构成的一室子房，各心皮边缘突入子房内，但未在中央会合，故形成一室，胚珠着生在各心皮边缘缝上。

(4)中轴胎座：多心皮雌蕊构成的多室子房，各心皮边缘突入子房内，并在中央会合形成中轴，胚珠着生于中轴上。

(5)特立中央胎座：多心皮雌蕊构成的一室子房，各心皮的边缘突入子房内，在中央会合，但子房室间的隔膜消失，形成一室，胚珠着生于由子房基部向上突起的轴上。

26. 单生花：指花单朵着生于叶腋或枝顶的现象。

27. 花序：指花在花轴上的排列方式。

28. 苞片：花序上每朵小花的基部变态叶。

29. 总苞：指集生于花序基部的苞片。

30. 无限花序：花轴顶端可以继续伸长并陆续开花的花序。开花顺序由基部开始，依次向上开放或由外向内开放，是一种边开花边成花的花序。

(1)总状花序：花互生于不分枝的花轴上，各小花的花柄几乎等长。

(2)穗状花序：小花无柄或近无柄，互生于不分枝的花轴上。

(3)葇荑花序：花单性，无柄或近无柄，花轴不分枝，柔软下垂或不下垂。

(4)伞形花序：各小花都从花轴顶端生出，花柄等长，排列如伞形。

(5)伞房花序：小花的花柄不等长，下部的较长，上部的渐短，顶端形成一个平面。

(6)佛焰花序：与穗状花序相似，但花轴肥厚肉质，花序基部常有一大型佛焰状总苞。

(7)隐头花序：花轴膨大，顶端向轴内凹陷成密闭杯状，仅有小口与外面相通，小花着生于凹陷的杯状花轴内。为榕属所特有。

(8)篮状花序：花轴顶端膨大如盘状，小花无柄，着生于盘状花轴上，花序基部有总苞。为菊科植物所特有。

(9)复花序：花轴按原有的形式分枝，小花着生于分枝的花轴上。

31. 有限花序：花轴呈合轴分枝或二叉分枝，花序主轴的顶端先开花，自上而下或自中心向四周开放。

(1)单歧聚伞花序：花轴的顶端先开一花，然后下面一侧的苞腋中又发生侧枝，侧枝的顶端又开花，同样自上而下推移。如果侧枝一直在同一侧的苞腋发生，整个花序就会卷曲，特称为卷伞花序。

(2)二歧聚伞花序：花轴的顶端开花后，下面相对的两侧苞腋中同时产生分枝，在分枝的顶端又形成花,这样反复分枝,就形成二叉分枝的花序。

1.6.5　果实

1. 真果:由子房发育而来的果实。
2. 假果:花的其他部分参与果实的形成。
3. 单果:由一朵花中的单雌蕊或复雌蕊发育而成的果实,又称单花果。
4. 聚合果:由一朵花中多数离生的单雌蕊连合发育而成的果实。
5. 聚花果:由一个花序发育而成的果实。
6. 肉质果:果实成熟时肉质多汁。
(1)浆果:外果皮薄,中果皮及内果皮肥厚,肉质多汁,含有一至多颗种子。
(2)核果:外果皮薄,中果皮厚而肉质,内果皮常含石细胞,形成坚硬果核。
(3)柑果:由合生心皮的上位子房构成,外果皮革质,有油囊;中果皮疏松纤维状;内果皮向内突入成为多数多汁的小囊。柑果为芸香科柑橘属所特有。
(4)瓠果:由合生心皮的下位子房构成,果皮外层较坚厚,由花托与外果皮组成;中果皮与内果皮肉质化,有发达的肉质胎座。瓠果为葫芦科植物所特有。
(5)梨果:由合生心皮的下位子房构成,花托与萼筒发育为肥厚的果肉,果皮与花托愈合成为纸质或革质的果心,如梨、苹果、山楂、枇杷等。
7. 干果:果实成熟时果皮干燥。分闭果和裂果。
8. 裂果:果实成熟时,果皮干燥开裂。
(1)蓇葖果:由单心皮雌蕊的子房发育而成,成熟时沿背缝线或腹缝线一边开裂。
(2)荚果:由单心皮雌蕊的子房发育而成,成熟时沿背缝线和腹缝线两边开裂。有些荚果不裂。
(3)角果:由两心皮雌蕊一室的子房发育而成,果实中间有胎座形成的假隔膜,种子着生在隔膜的边缘上,成熟时,由下而上向两边裂开。角果为十字花科植物所特有,其中果实的长度与宽度几乎相等的称短角果;有些是长比宽大 2～3 倍的,称长角果。
(4)蒴果:由两心皮以上的复雌蕊的子房发育而成,成熟时有多种开裂方式。
9. 闭果:果实成熟时,果皮干燥不裂。
(1)颖果:果皮与种皮愈合不能分离。
(2)瘦果:果实成熟时只含一粒种子,果皮与种皮可以分离。
(3)翅果:果皮向外延伸成翅。
(4)坚果:果皮木质化而坚硬,果实外常有总苞包被。
(5)分果:由多心皮雌蕊的子房发育而成,成熟时各心皮分离。

1.6.6　附属物

1. 毛:由表皮细胞凸出形成的毛状体。
(1)短柔毛:短而柔软,光线或放大镜下可见。
(2)微柔毛:细小的短柔毛。

(3)绒毛:羊毛状卷曲,略交织,贴伏成毡状。

(4)绵毛:长而柔软,密而卷曲,缠结不贴伏毛。

(5)茸毛:直立,密生如丝绒状的毛,如芙蓉。

(6)疏柔毛:长而柔软,直立而较疏的毛。

(7)长柔毛:长而柔软,常弯曲,但不平伏的毛。

(8)绢毛:长、直、柔软贴伏,有绢丝光泽的毛。

(9)刚状毛:硬、短而贴伏或稍翘起、粗糙之毛。

(10)刚毛:长而直立、尖、粗硬、刺手的毛。

(11)硬毛:短粗而硬,直立,无粗糙感之毛。

(12)短硬毛:较硬而细短的毛。

(13)睫毛:毛成行生于叶边缘。

(14)星状毛:有辐射状的分枝毛,似呈芒状。

(15)腺毛:毛顶有腺,扁平根状与毛状腺混生。

(16)钩状毛:毛顶端弯曲成钩状。

(17)丁字毛:两毛分枝成一直线,外观似一根毛,其着生点在中央,成丁字形。

2.腺鳞:毛呈圆片状,通常腺质。如杜鹃。

3.垢鳞:鳞片呈垢状,容易擦落,又叫皮屑状鳞片。

4.腺体:痣状、盾状或舌状小体,多少带海绵质或肉质,常干燥或分泌少量的油脂物质。

5.腺点:外生的小凸点,数目通常数多,呈各种颜色,为表皮细胞分泌出的油状或胶状物。

6.油点:叶表皮下的若干细胞,由于分泌物的大量积累,溶化了细胞壁,形成油腔,在阳光下常呈现出圆形的透明点。

7.乳头状突起:小而圆的乳头突起。

8.疣状突起:圆形、小疣状突起。

9.托叶刺:由托叶变成长硬的刺。

10.木栓翅:木栓质突起呈翅状。

11.白粉:白色粉状物。

✳ 思考题

1.试述园林观赏植物的应用前景。

2.试述园林观赏植物在园林绿化中的主要作用。

3.试述园林观赏植物在园林建筑中的主要作用。

4.简述叶及变态叶的类型与特征。

5.简述茎及变态茎的类型与特征。

6.试述园林观赏植物的主要识别方法。

7.简述观赏植物配置的基本原则。

8.简述观赏植物美的主要表现形式。

实训一 根的形态剖析

✳一、目的要求

通过观察,熟悉植物根和变态根的外观形状特征,掌握植物有关根的专业术语,学会形态剖析的基本技能,巩固课堂理论教学效果,为种类识别奠定基础。

✳二、材料用具

多种新鲜植物的根,小锄头、镊子、小刀、手枝剪、放大镜、笔、记录纸、标签牌等。

✳三、方法与步骤(采集标本、挂牌、观察记录)

(一)根的组成观察

1. 根的分区

取马尾松(或叶下珠)的幼苗,注意根毛着生的部位及其下方伸长区和生长点的情况。

2. 主根与侧根

观察马尼拉草的根,注意观察根的外形,熟悉主根和侧根的特点。

3. 定根与不定根

观察马尾松、空心莲子草的根,注意区别定根和不定根的形态。

(二)直根系与须根系的观察

1. 直根系

观察蒲公英或马尾松的根系,注意这种根系主根与侧根的区别(主根发达,较粗长,向下生长;侧根生于主根旁,细而多分支)。

2. 须根系

观察马尼拉草、香附的根系,注意这种根系有无主根与侧根的区别(主根不发达,自茎的基部发生许多粗细相似的不定根)。

(三)变态根的形态和类型认识

观察麦冬、萝卜、番薯的根,可见其根膨大部分。

(四)根瘤、菌根的形态认识

观察马尾松、银合欢的根系,注意根瘤与菌根的形态。

✳四、结果与讨论

将实验实训结果进行分析、归纳,体现实验实训操作过程的技术和注意事项。

实训二　茎的形态剖析

✻一、目的要求

通过观察,熟悉植物茎的外观、枝条形态及芽的形状,掌握植物茎的有关专业术语,学会形态剖析的基本技能,巩固课堂理论教学效果,为植物种类识别奠定基础。

✻二、材料用具

多种新鲜植物的茎,镊子、小刀、手枝剪、放大镜、笔、记录纸、标签牌等。

✻三、方法与步骤(采集标本、挂牌、观察记录)

(一)芽的形态观察

取大叶黄杨顶芽,用利刀将其从正中剖开,用放大镜就可见到中央有一圆锥体,为茎尖,四周被许多幼叶层层包裹,最外围的数层与幼叶在质地、形态上均不同,称为芽鳞。鳞片具有厚的角质层,保护芽内部组织安全过冬,这种芽称为鳞芽。取枫杨的芽,发现其外围没有芽鳞包被,称为裸芽。

(二)枝条的形态观察

取泡桐的枝条进行观察,着生叶的部位叫节,两节之间的部位为节间,在叶与节之间着生芽的部位叫叶腋,叶腋内生的芽叫腋芽或侧芽,在枝条顶端生芽叫顶芽。秋季叶脱落后,在枝条上留下的痕迹称为叶痕,叶痕上有一定数目和排列方式的维管束痕迹,叫叶迹。在枝条上还可看到芽鳞脱落后的痕迹,叫芽鳞痕。树皮或枝上散布着通气的孔隙,叫皮孔。泡桐的分枝方式为单轴分枝,因而有明显的粗而直的主干。

取法国梧桐、拐枣的枝条,用同样的方法观察节、节间、叶腋、腋芽、顶芽、叶痕等部分。它们的分枝方式与泡桐不同,是合轴分枝。其特点是枝条的顶芽生长不正常或死亡,顶芽附近的一个腋芽代替顶芽发育成新枝,结果使枝条偏斜,侧枝上的顶芽到一定时期又停止生长或死亡,依次侧芽代替,这种分枝方式为合轴分枝。取法国梧桐或槐树枝条,仔细检查其叶腋内并没有芽,把叶柄(槐树的叶轴)从枝条上掰下,可以看到叶柄基部内有一芽,叫柄下芽。

(三)髓心形态观察

取朴树枝条,从中央剖开,发现其髓心是一片一片的,叫片状髓。取泡桐枝条,用枝剪剪断,发现是空心的,叫空心髓,也叫小枝中空。取桂花杨枝条,剪断,发现是实心髓。

✿ 四、结果与讨论

将实验实训结果分析、归纳,体现实验实训操作过程的技术和注意事项。

实训三 叶的形态剖析

✿ 一、目的要求

通过对植物叶及叶序的观察,熟悉叶的外部形态特征,掌握有关叶的专业术语,学会形态剖析的基本技能,巩固课堂理论教学效果,为种类识别奠定基础。

✿ 二、材料用具

各种叶的新鲜标本、镊子、小刀、手枝剪、放大镜、笔、记录纸、标签牌等。

✿ 三、方法步骤(采集标本、挂牌、观察记录)

1. 叶的组成观察。
2. 叶形、叶尖、叶基、叶缘的观察。
3. 叶脉种类的观察(主脉、侧脉、掌状脉、平行脉、弧状脉)。
4. 叶序类型的观察(互生、对生、轮生、簇生、螺旋状着生)。
5. 单叶和复叶的观察。
①取梨叶和槐叶进行观察,发现它们的叶有很大区别。

区别特征	梨叶	槐叶
叶片数量	1	57
叶片基部	有侧芽	小叶叶片基部无侧芽
枝顶(叶轴顶)	有顶芽	叶轴顶端无顶芽
叶片脱落	着生小枝不脱落	小叶片与总叶轴一起脱落

②取合欢的叶和槐的叶进行对比观察(一、二回),取鹅掌柴和胡枝子的叶进行观察(掌状与羽状)。
6. 叶变态观察。
取枣或刺槐的枝条,发现叶基两侧有两枚刺,这是由托叶变化而来的,叫托叶刺。紫叶小檗的叶变为叉状叶刺。观察大叶黄杨枝条的顶芽,可见到层层芽鳞,这些芽鳞就是由叶变态而成的。叶变态后,都不能进行光合作用,而是起保护作用。

✳ 四、结果与讨论

将所观察的植物标本用专业术语描述。

实训四 花的形态剖析

✳ 一、目的要求

通过实验观察,熟悉花的基本组成和形态特征,了解花的多样性和花序的类型,领会花在形成果实和种子过程中的作用,熟悉花的形态术语,掌握花的形态剖析的基本技能,巩固课堂教学效果,为种类识别奠定基础。

✳ 二、材料用具

新鲜的或保存于5%福尔马林液里的各种植物的花,镊子、解剖针、放大镜、刀片、笔、记录纸、标签牌等。

✳ 三、方法步骤(采集标本、挂牌、观察描述)

(一)花的组成观察

用镊子取一朵月季花,从花的外方向内依次观察。首先看到在最外面的绿色小片,这就是萼片,排列组成一轮,合称花萼,有保护花蕾的作用,并能进行光合作用。在花萼内方是花冠,由五片红色的花瓣组成,它们相互分离(属于离瓣花),辐射对称,这种花冠称为蔷薇形花冠。花瓣是花中最显著的部分,它们与萼片互生排列,在花冠内方,可见多枚雄蕊。中央部分是雌蕊,有柱头、花柱和子房。

桃花、梨花、含笑、广玉兰等都可以用来观察,每一种植物花部的组成情况是不同的,但其基本结构是一致的。根据各地的植物分布、季节变化、取材的难易,可加以选择用材。

取含笑花,剖开花朵,可见雌蕊和雄蕊,这一类花叫两性花。观察毛白杨的花,只能见到雄蕊或雌蕊,这类花叫单性花,同时这类花长在不同的植株上,叫雌雄异株。此外,由于植物种类不同,花的结构组成也有差异,如柳树花无花萼、花冠,只有雄蕊或雌蕊,这类花叫无被花;白玉兰的花萼和花瓣极为相似,这类花叫同被花;还有一种花仅有花萼或花冠,这类花是单被花。

(二)花序类型的观察

取黄花槐的花序进行观察,能看到在花轴上有规律地排列着花朵,每朵花都有一个花柄与花轴相连,在整个花轴上可以看到不同发育程度的花朵,着生在花轴下面的花朵发育较早,而接近花轴顶部的花发育较迟,这类花序叫总状花序。

取梨的花序进行观察,看到每朵花有近等长的花柄,在花轴顶端辐射状着生,外形很像一把撑开的伞。花序上花的发育有迟有早,在伞形外围的花朵发育较早,靠中央的花发育较迟,这种花序叫伞形花序。

观察国槐的花序,在总花梗上着生的不是单花,而是一个总状花序,这类花序叫圆锥花序。

取紫穗槐的花序进行观察,有一总花梗,花梗极短,生于总花轴上,密集,这类花序叫穗状花序。

观察其他花或花序的材料,指出它们属于什么花序类型。

四、结果与讨论

将实验实训结果分析、归纳,体现实验实训操作过程的技术和注意事项。

实训五　果实及种子形态剖析

一、目的要求

通过实验实训,了解果实的形态构造,认识果实的类型,熟悉果实的形态术语,掌握果实的形态剖析的基本技能,巩固课堂教学效果,为种类识别奠定基础。

二、材料用具

新鲜、干制或浸制的各种果实,小刀、钳子、锤子、笔、记录纸、号码牌。

三、方法步骤(采集标本、挂牌、观察记录)

(一)单果特征观察

1. 桃的果实观察

先观察桃果实的外形,特别是尚未成熟的果实,其表面有毛,在果实的一侧有条凹槽,这是心皮的背缝线的连接处,说明桃子的子房壁由单个心皮组成。果实表皮有毛,是外表皮上的附属物,果实上还有角质层或蜡质(幼果尤为突出)。

用刀片切开果实,看到外果皮以内直至中间坚硬的桃核,这厚厚的一层,俗称桃肉,实际上是桃果实的中果皮。它由许多层薄壁细胞组成,细胞内富含各种有机物质,如有机酸、糖等。坚硬部分为桃核,是果实的内果皮,它由子房的内壁发育而来,这部分细胞特化,全为硬细胞,所以桃核特别坚硬。用钳子夹开桃核,才能见到由胚珠发育而来的种子。这类果实叫核果。

2. 苹果果实观察

把一只苹果纵切为二,另一只苹果横切。苹果果皮外表面光滑而富有蜡质,能防止果实失水和病虫害的侵入,中间是多汁的果肉。在果实横切面上,用肉眼可见在果肉中的束状排列的小点,这是维管束的横切面。在果实中央分成 5 室,每室内有成对的种子。果室呈膜状,半水质化,这些果室是真正的果实部分,由 5 个心皮组成的子房发育而来,而人们食用的肥厚、多汁的果肉,是由花托形成的,因此,苹果的果实除了子房发育以外,花托部分也参与了果实的形成,这类果实叫假果。苹果的果实类型属于梨果。

桃和苹果都是由一朵花的一个雌蕊经传粉、受精,不断生长发育而形成的,称为单果。

(二)聚合果特征观察

玉兰果实的观察。仔细观察成熟的玉兰花果实,见到一个个开裂的小果,裂缝中有鲜红色的种子。每一个小果都由一个雌蕊的子房发育而来。也就是说,玉兰一朵花里原来有许多雌蕊,分别形成果实,集生于同一个隆起的花托上,这类果实称为聚合果。

(三)聚花果特征观察

桑树果实的观察。桑树的果实,俗称桑葚。可食用的果肉,是由花萼变化而来的。食用时,感到的硬粒是真正的果实,这类果实称为聚花果。

以上观察的只是部分果实类型,根据果实的结构组成、果皮质地、开裂与否等情况,又可分为各种类型。具体分类参见果实类型检索表。

(四)种子的形态特征观察

1. 种子

由胚珠受精发育而成,包括种皮、胚和胚乳等部分。

2. 种皮

由珠被发育而成。常分为内种皮(由内珠被形成)和外种皮(由外珠被形成)。

3. 假种皮

由珠被以外的珠柄或胎座等部分发育而成,部分或全部包围种子。

4. 胚

是新植物的原始体,由胚芽、子叶、胚轴和胚根四部分组成。胚根位于胚的末端,为未发育的根;胚轴为连接胚芽、子叶与胚根的部分;胚芽为未发育的幼枝,位于胚先端的子叶内;子叶为幼胚的叶,位于胚的上端。不同植物的子叶数目不同,如裸子植物有多个子叶;被子植物中则分为双子叶植物和单子叶植物两大类。总之,胚包藏于种子内,是处于休眠状态的幼植物。

5. 胚乳

是种子贮藏营养物质的部分。有胚乳的种子叫有胚乳种子,由种皮、胚、胚乳三部分组成;无胚乳的种子叫无胚乳种子,由种皮和胚两部分组成。

6. 种脐

种子成熟脱落,在种子上留下原来着生处的痕迹。

7. 种阜

位于种脐附近的小突起,由珠柄、珠脊或珠孔等处生出。

✳四、结果与讨论

将实验实训结果分析、归纳,体现实验实训操作过程的技术和注意事项。

实训六　植物检索表的编制与使用

✳一、目的要求

熟悉植物检索表的基本格式,掌握植物形态观察、剖析和特征描述的基本技能,学会植物检索表的编制和使用技能。

✳二、材料用具

5～10种特征比较完整的植物标本,《福建植物志》、《福建省种子植物检索表》、解剖针、扩大镜、刀片、记录本等。

✳三、方法步骤

（一）检索表的编制

检索表是植物分类的重要手段,也是鉴定植物、认识植物的重要工具。有分科、分属、分种检索表,分别用于查科、查属、查种。检索表的形式有多种,而广泛采用的是二歧检索表。具体方法有:

1. 观察、剖析和描述植物标本

用专业术语正确、准确地描述植物的主要特征。其中,树种形态观测记录内容包括:

（1）树木生长习性:乔木、灌木、木质藤本、常绿、落叶。

（2）叶:叶序、叶型、两面叶色、叶缘、叶毛的分布及颜色、叶形、长度及宽度、叶脉的数量及形状。

（3）枝:枝条颜色、有无长短枝、有无枝刺、有无皮孔、皮孔大小、颜色、形状及分布。

（4）树皮:颜色、开裂方式、光滑度。

（5）刺、卷须、吸盘:种类、着生位置、形状、长度、颜色、分布状况。

（6）芽:种类、颜色、形状。

（7）花:花形、花色、花萼特征、花瓣的数量、雄蕊特征、雌蕊特征、花序的种类。

（8）果实:种类、形状、颜色、长度、宽度。

（9）种子:形状、颜色、大小、数量。

2. 分类归纳

利用主要、稳定的特征，将所观察的植物进行分类、区别。

3. 编写检索表

将所观察、记录的植物用定距或平行式编写成一个检索表。

4. 实践检验

针对几种植物的形态特征，用编好的检索表进行检索查对。

编制一个好用的检索表，必须注意以下几点：

（1）要确定是做分科、分属的检索表还是分种的检索表，并认真观察和记录植物的特征，在掌握各种植物特征的基础上，列出相似特征和区别特征的比较表，同时要找出各种植物之间的突出区别，才有可能进行编制。

（2）在选用区别特征时，最好选用相反的特征，如单叶或复叶、木本或草本，或采用易于区别的特征。千万不能采用似是而非或不肯定的特征，如叶较大或叶较小。

（3）采用特征要明显，最好选用放大镜就能看到的特征，防止采用肉眼难以辨别的特征。

（4）检索表的编排号码只能用 2 个相同的号码，不能用 2 个以上相同的号码并排。

（5）有时同一种植物，由于生长的环境不同，既有乔木也有灌木，遇到这种情况时，在乔木和灌木的各项中都编进去，这样就可以保证查到。

（6）为了证明所编制的检索表是否正确，还应到实践中去验证。如果实践中可用，而且选用的特征也都准确无误，那么，此项工作就算完成了。

（二）检索表的使用

检索表一方面可作为掌握和了解各种植物区别要点和主要特征的工具，更重要的是可借助于检索表检索出未知植物的科、属或种的名称。

检索时，先凭据植物标本所具备的特征，与工具书的检索表中第一项对所描述的特征进行对照、比较并加以选择，从而确定检索路线。再按条款所指引的路线，进行下一项的对照、比较、选择，如此连续地检索，直到"索引"出科、属、种的名称。

四、结果与分析

将实训过程详细记录，体现实训操作中的主要技术环节。

五、问题讨论

对实训过程的体会和存在的问题进行总结和讨论。

针叶类观赏植物识别与应用

> **知识目标**
> 　　通过本模块的学习,熟悉针叶类观赏植物的形态特征;掌握常见的针叶类观赏植物的识别要点、生态习性、观赏特性和应用的基本知识。
> **技能目标**
> 　　通过学习,能够熟练识别常见的针叶类观赏植物,理解常见种类的观赏特性和园林应用。

1. 苏铁(铁树、凤尾蕉)

Cycas revoluta Thunb 苏铁科　苏铁属

识别要点:常绿乔木,茎不分枝或呈多头状。营养叶羽状,深裂,条形,边缘反卷,厚革质,坚硬,光泽,先端锐尖,叶背密生锈色绒毛,基部小叶成刺状;鳞叶较短,特化成硬刺。雌雄异株,雄球花圆柱形;雌球花扁球形。种子红褐色。

生态习性:喜光,稍耐半阴。喜温暖,不甚耐寒。喜肥沃湿润和微酸性的土壤,也耐干旱。生长缓慢,10 余年可开花。

观赏特性及应用:主干粗壮,树形古雅;羽叶翠绿,洁滑光亮;四季常青,坚硬如铁。多配植于庭前阶旁及草坪内;或作大型盆栽,布置庭院、屋廊及厅室,也作切叶。

苏铁

2. 银杏(白果,公孙树)

Ginkgo biloba L.银杏科　银杏属

识别要点:落叶乔木,有长短枝之分。叶扇形,淡绿,具叉状细脉,先端缺刻或 2 裂,散生或簇生,叶柄细长。种子核果状,近球形,具长梗,下垂;假种皮肉质,被白粉,熟时橙黄色;种皮骨质,白色,内种皮膜质。

生态习性:强阳性树种,喜光;深根性,喜深厚肥沃、湿润的酸性或中性黄壤、红壤,不耐干旱瘠薄和盐碱土,耐湿。寿命长,萌芽力强,耐修剪。抗二氧化硫、臭氧、烟尘污染能力强,能吸收多种有毒气气。

观赏特性及应用:树干通直,挺拔雄伟;叶形如扇,叶脉叉状;叶形奇特,树姿优美;秋叶金黄,黄果累累,给人以俊俏雄奇、华贵典雅之感。寿命长,抗性强,用途广,被列为中国四大长寿观赏树(松、柏、槐、银杏)之一,姿、叶、果的观赏效果俱佳,广泛用于园林绿地、庭院、行道、农田林网的绿化美化,也可盆栽和制作盆景观赏。

银杏

3. 雪松(喜马拉雅雪松)

Cedrus deodara(Roxb.)Loud. 松科 雪松属

识别要点:常绿乔木,树皮鳞片状开裂。侧枝平展,有长短枝。叶针状,尖硬,淡绿至蓝绿色,散生或簇生,气孔带灰白色。雌雄异株,稀同株,花单生枝顶。球果椭圆状卵形,种子具翅。

生态习性:喜光,幼树稍耐阴。耐寒,耐干旱瘠薄,不耐水湿。浅根性,抗风力差。喜暖温带至中亚热带气候,在长江中下游生长最好。对土壤要求不严。

观赏特性及应用:主干通直,侧枝发达;叶色灰绿,冠如尖塔;树体高大,树形优美。为世界五大著

雪松

名的观赏树之一。宜孤植于草坪、建筑前庭、广场中心或主要建筑物的两旁及园门的入口等处,或列植于园路的两旁,形成甬道。

4. 金钱松(金松)

Pseudolarix kaempferi(Lindi.)Gord.
松科 金钱松属

识别要点:落叶乔木,主干通直,树皮龟甲状开裂;侧枝平展,不规则轮生,具长短枝。叶淡绿色,条状披针形,柔软,螺旋状散生或簇生,秋叶金黄。球果卵圆形,淡褐色,种鳞发达,木质,苞鳞短小,种子卵圆形,种翅长。

生态习性:阳性树种,喜光,幼苗需一定荫蔽。喜温暖、多雨、湿润、排水良好的酸性或中性土壤;喜肥,耐寒,不耐干旱和水渍。

金钱松

观赏特性及应用：主干通直,侧枝平展;树干挺拔,树姿端庄;树冠如塔,叶色丰富;秋叶金黄,雅致悦目。世界著名五大庭园树种之一。可孤植、丛植、群植,配植于瀑口、池旁、溪畔或与其他树木混植成丛,亦可盆栽或制作盆景观赏。

5. 黑松（白芽松）

Pinus thunbergii Parl. 松科　松属

识别要点：常绿乔木,冬芽白色。2 针一束,粗硬,断面半圆形,树脂道中生。雌花紫色,生于新枝顶端;雄花黄色,生于新枝基部。种子有薄翅,鳞脐具短刺。

生态习性：阳性树种,喜光,耐寒,不耐涝,耐旱、瘠薄及盐碱土。适生于温暖湿润的海洋性气候区域,喜微酸性沙质壤土。生长慢,寿命长。

观赏特性及应用：枝干横展,冠如伞盖,针叶粗硬,叶色浓绿,树姿苍劲,虬曲古雅,四季常青,终年可赏。对环境适应能力强,可用于荒山绿化、道路绿化;也可盆栽或制作盆景,供庭院、阳台点缀观赏。

黑松

6. 黄山松（台湾松）

Pinus taiwanensis Hayata 松科　松属

识别要点：常绿乔木,冬芽深褐色。2 针一束,粗短硬直,横切面半圆形,树脂道中生,叶鞘宿存。雄球花短穗状,生于新枝下部。球果几无梗,宿存多年;横鳞脊显著,鳞脐具短刺;种子具红褐色斑纹。

生态习性：深根性树种,喜光,喜凉润、空中相对湿度较大的高山气候,在土层深厚、排水良好的酸性土及阳坡生长良好;耐瘠薄,生长迟缓。

观赏特性及应用：枝干开展,树冠如盖,针叶浓绿,四季常青;老干虬曲,苍劲古雅,坚韧傲然,姿态奇特。适宜盆栽和制作盆景;或植于岩石缝隙点缀假山,也用于荒山绿化、道路行道绿化。

黄山松

7. 日本五针松（日本五须松、五针松）

Pinus parviflora Siebold et Zuccarini 松科　松属

识别要点：常绿乔木,幼枝皮平滑,树皮鳞状块片开裂;幼枝密生淡黄色柔毛;冬芽无树脂。针叶横切面三角形,细短,5 针一束,边缘具细锯齿,气孔线灰白色,叶鞘早落。球果卵圆形,几无梗;种鳞宽倒卵状斜方形,鳞盾近斜方形,先端圆,鳞脐凹下;种子具种翅。

生态习性:阳性树,稍耐阴。喜生于土壤深厚、排水良好、适当湿润之处,在阴湿之处和沙地生长不良。不耐移植,移植时均需带土球。生长缓慢,耐整形。

观赏特性及应用:姿态苍劲秀丽,松叶葱郁纤秀,富有诗情画意,集松类树种气、骨、色、神之大成,是名贵的观赏树种。可盆栽观赏,也可孤植配奇峰怪石,或整形后点缀公园、庭院、假山。

日本五针松

8. 池杉(池柏)

Taxodium ascendens Brongn 杉科　落羽杉属

识别要点:落叶乔木,干基膨大;树皮褐色,条状纵裂;小枝绿色,细长弯垂。叶钻形,略内曲,螺旋状紧贴小枝,叶基下延。球果圆球形,种子三角状,略扁。

生态习性:强阳性树种,不耐阴。喜温暖、湿润环境,稍耐寒,能耐短暂−17℃低温。耐涝,耐旱。生长迅速,萌芽力强。抗风,大树抗盐碱。

观赏特性及应用:主干端直,枝叶细柔,树形婆娑,冠如尖塔,干基膨大奇特,呼吸根膝状醒目,极耐水湿,抗风力强。可作孤植、丛植、片植、列植配

池杉

置,用于湖边、池周、低洼水网、滨水湿地绿化观赏,亦可列植为行道树。

9. 水杉(水桫)

Metasequoia glyptostroboides Hu et Cheng 杉科　水杉属

识别要点:落叶乔木,干基膨大,树皮灰褐,条片状开裂;小枝对生近对生,下垂。叶片柔软,条状扁平,交互对生,羽状排成。球果长圆状球形,种子倒卵形,扁平,周围有窄翅。

生态习性:喜阳光,较耐寒,不耐阴。适应性强,在土层深厚、肥沃、湿润的酸性土壤中生长最好。能耐40℃高温和−30℃的严寒,不耐干旱贫瘠,耐水涝。

观赏特性及应用:主干通直,挺拔秀颀;枝叶扶疏,侧枝平展;树冠整齐,状如尖塔;叶片窄小,形如羽片;叶色翠绿,秋后金黄。抗污染,耐水湿,是著名的庭院观赏树。可在公园、庭院、草坪、湖旁、堤岸孤植、对植、列植或群植,也可片植营造风景林;或栽于建筑物前或用作行道树,亦可用于厂矿绿化。

水杉

10. 水松

Glyptostrobus pensilis（Staunt.）Koch 杉科　水松属

识别要点：半常绿乔木，树皮灰褐，不规则条状开裂。枝稀疏，二型：多年生者宿存，一年生者脱落。叶线状而扁平，或针状而稍弯，或鳞片状，小而宿存。球果直立；种鳞与苞鳞近合生，扁平，缘具三角状尖齿；种有翅。

生态习性：喜光，喜温湿，耐盐碱，适应性较强。生长适温为 15～22℃，能耐 40℃高温和 10℃以下低温。在中性或微碱性、富含有机质的冲积土上生长最好。

观赏特性及应用：主干挺直，大枝平展，春叶鲜绿，秋叶红褐，树冠卵形，树姿优美。耐水湿，抗风

水松

强。生于水边或沼泽时，干基膨大呈柱槽，呼吸根膝状拱突，根茎奇特，观赏性强。可作庭园观赏，也适于低湿地块造林，或用于固堤、护岸、防风绿化。

11. 柳杉（长叶孔雀松）

Cryptomeria fortunei Hooibrenk ex Otto et Dietr 杉科　柳杉属

识别要点：常绿乔木，树皮红棕色，纤维状，长条片开裂脱落；叶钻形，略向内弯曲，先端内曲，四边有气孔线；球果扁球形，种鳞上部有裂齿，鳞背有一个三角状苞鳞尖头，种子边缘有窄翅。

生态习性：中等喜光树种，能耐阴。喜温暖、湿润的气候，略耐寒，夏季怕酷热及干旱。喜深厚、肥沃中性土壤。浅根性，侧根发达，生长快，抗污染。

观赏特性及应用：叶翠浓密，树冠塔形；四季常青，树姿雄伟。可作庭院、公园的庭荫树，或作行道树及厂矿绿化。

柳杉

12. 柏木（香扁柏、垂丝柏、璎珞柏）

Cupressus funebris Endl. 柏科　柏木属

识别要点：常绿乔木，树皮幼时红褐，老时褐灰色，纵裂成窄长条片。小枝扁平，柔软下垂。鳞叶尖锐，交互对生，排成平面，偶有刺叶。球果卵圆形，种鳞 4 对；种子近圆形，两侧具翅。

生态习性：中性树种，喜温暖多雨气候及钙质土，耐干旱瘠薄，稍耐水湿，浅根性。适生温度为 13～19℃，在土层深厚、肥沃、湿润的土壤生长迅速。

柏木

观赏特性及应用:树干通直,枝叶婆娑;终年常绿,树姿优美;寿命绵长,适应性强。枝叶散发芳香味,能杀灭细菌、病毒,净化空气,有松弛精神、稳定情绪的作用。适宜公园、疗养院、陵园及风景区种植。

13. 侧柏

Platycladus orientalis (Linn.) Franco 柏科 侧柏属

识别要点:常绿乔木,小枝排成平面。鳞叶二型,中央叶倒卵状菱形,背面有腺槽;两侧叶舟形,中央叶与两侧叶交互对生。球果阔卵形,近熟时蓝绿色被白粉,种鳞木质,熟时张开,背部有一反曲尖头,种子无翅,有棱脊。

生态习性:喜光,稍耐阴,耐干旱瘠薄,耐寒力中等。适应性强,对土壤要求不严,在酸性、中性、石灰性和轻盐碱土壤中均可生长。萌芽能力强,抗污染。

观赏特性及应用:幼树树冠尖塔形,老树广圆锥形,枝叶茂密,四季常青。寿命长,抗污染,病虫少,可净化空气。多用于寺庙、墓地、纪念堂馆和园林绿篱,也用于制作盆景。

侧柏

主要栽培品种:

①千头柏(cv. Sieboldii):又名扫帚柏。灌木,无主干,枝条丛生密集生长,树冠扫帚状。

②金黄球柏(cv. Semperarescens):又名金叶千头柏。植株矮小,近圆球形,叶色全年金黄。

③金枝千头柏(cv. Aurea):又名洒金千头柏。丛状球形灌木,早春枝条金黄色,后渐转黄绿色。

④金塔柏(cv. Beverleyensis),又名金枝侧柏。乔木,树冠塔形,叶金黄色。

⑤窄冠侧柏(cv. Zhaiguancebai):乔木,树冠窄狭,枝条向上伸展或微斜伸展,叶光绿。

⑥丛柏(cv. Decussata):丛生低矮灌木,枝叶密集,叶线状披针形,蓝绿色,系插条选育而成。

⑦圆枝侧柏(cv. Yuangzhicebai):乔木,冠圆锥形,小枝细长,圆柱形。

14. 福建柏(建柏)

Fokienia hodginsii (Dunn) Henry et Thomas
柏科 福建柏属

识别要点:常绿乔木,树皮紫褐色,平滑或不规则长条片开裂。叶鳞形,稍宽大,小枝上面的叶微拱凸,深绿色,叶背具白色气孔带。球果近球形。

生态习性:阳性树种,适生于酸性或强酸性黄壤、红黄壤和紫色土。喜生于雨量充沛、空气湿润、水肥充足、土层深厚的立地。生长迅速,耐寒

福建柏

（-12℃），抗污染。

观赏特性及应用：树干通直，枝叶茂密；四季常青，树形优美；适应性强，生长较快，可净化空气。是庭园绿化、厂矿绿化的优良树种。

15. 龙柏

Juniperus chinensis cv. Kaizuka 柏科　圆柏属

识别要点：常绿小乔木，树皮深灰色，树皮纵裂；树冠圆柱状。叶多为鳞状，少为刺形叶，沿枝条紧密排列成十字对生。球果肉质，表面有碧蓝色的蜡粉，内藏两颗种子。

生态习性：喜充足的阳光，适宜深厚肥沃、排水良好的沙质壤土。耐旱力强，忌潮湿渍水，否则将引起黄叶，生长不良。幼时生长较慢，3～4 年后生长加快。

龙柏

观赏特性及应用：枝叶碧绿青翠，向上螺旋盘曲；枝叶茂密，耸立向上；姿像盘龙，树形优美。可在庭园、公园、疗养院、墓地等作规整式园林装饰应用；或栽植于楼房南侧或甬道两旁，或盆栽成行摆放，也可修剪成形，或用于绿篱。

16. 铺地柏（爬地柏、矮桧、偃柏）

Sabina procumbens（Endl.）Iwata et Kusaka 柏科　圆柏属

识别要点：常绿匍匐小灌木，高达 75 cm，冠幅逾 2 m。枝干贴近地面伸展，小枝密生。叶均为刺形叶，先端尖锐，3 叶交互轮生，叶面有 2 条白色气孔线，叶背基部有 2 白色斑点，叶基下延。球果球形。

生态习性：阳性树，喜光，稍耐阴，耐寒力、萌生力均较强。适生于滨海湿润气候，对土质要求不严，喜石灰质的肥沃土壤，在干燥的沙地上生长良好，忌低湿地点。

铺地柏

观赏特性及应用：叶色翠绿，枝干低矮；蜿蜒匍匐，古雅别致。园林中可配植于岩石园或草坪角隅，或作为缓坡的良好地被；也是制作悬崖式盆景的良好材料，或作盆栽观赏。

17. 南洋杉（尖叶南洋杉、鳞叶南洋杉）

Araucaria cunninghamii Sweet 南洋杉科　南洋杉属

识别要点：常绿乔木，主枝轮生，平展，侧枝平展或稍下垂，近羽状排列。叶二型：生于侧枝及幼枝上的多呈锥状、针状，质软，开展，排列疏松；生于老枝上的则密聚，斜上伸展，微向上弯，三角状钻形。球果椭圆形，苞鳞刺状，且尖头向后强烈弯曲；种子两侧有膜质翅。

生态习性：喜暖热、湿润气候,不耐干燥及寒冷,喜生于肥沃土壤,较耐风。生长迅速,抗污染,成树不易移植,寿命长。萌蘖力强。

观赏特性及应用：树形塔状,枝叶茂盛,浓绿苍劲,姿态优美,为世界著名的庭园树之一。可列植、孤植或配植于树丛内,或作雕塑及风景建筑的背景树;亦可作行道树,或盆栽点缀家庭的客厅、会场。

南洋杉

18. 南方红豆杉（美丽红豆杉、紫杉）

Taxus chinensis var. mairei Cheng et L. K 红豆杉科　红豆杉属

识别要点：常绿乔木,叶螺旋状着生,排成两列,条形,微弯或近镰状,叶背有两条黄绿色气孔带,边缘常不反曲。雌雄异株,种子倒卵形微扁,生于红色肉质杯状假种皮中。

生态习性：中国亚热带至暖温带特有成分之一。喜生于潮湿处。对气候适应力较强,较耐寒（−11℃）,耐阴湿,生长较慢。

南方红豆杉

观赏特性及应用：主干挺拔,树冠庞大;叶色翠绿,种托红艳;枝叶清秀,株态柔美。可通过人工修剪造型,形成圆形、伞形、塔形等多种艺术冠状。用于庭院、公园绿化,民间素有"风水神树"之称,也可盆栽观赏。

19. 罗汉松（罗汉杉、土杉）

Podocarpus macrophyllus（Thunb.）Sweet. 罗汉松科　罗汉松属

识别要点：常绿乔木,叶条状披针形,先端尖,两面中肋隆起,表面暗绿,背面灰绿,有时被白粉,排列紧密,螺旋状互生。雌雄异株或偶有同株。种子卵形,生于肉质膨大深红色的种托上。

生态习性：半阳性树种。在半阴环境下生长良好。喜温暖湿润和肥沃沙质壤土,在沿海平原也能生长。不耐严寒,寿命长。

短叶罗汉松

观赏特性及应用：树形古雅,种子与种柄组合奇特,惹人喜爱。可门前对植,中庭孤植,或于墙垣一隅与假山、湖石相配;南方多于寺庙、宅院种植,也可作盆景、盆栽、绿篱、花台栽植观赏。

主要栽培品种：

①小叶罗汉松（*Podocarpus macrophyllus* var. maki）：又称短叶罗汉松、雀舌松、短叶土

杉。呈灌木状,叶短而密生,多着生于小枝顶端,背面有白粉。

②狭叶罗汉松(*Podocarpus macrophyllus* var. angustitolius):叶条状而细长,长 5~9 cm,宽 3~6 mm,先端渐窄成长尖头,基部楔形。

③短叶罗汉松(*Podocarpus brevifolius*):又称小罗汉松、土杉。灌木状,叶螺旋状簇生排列,短条带状披针形,先端钝尖,基部浑圆或楔形,革质,浓绿,中脉明显,叶柄极短。

20. 竹柏(罗汉柴、大果竹柏)

Podocarpus nagi(Thunb.)Zoll. et Mor. ex Zoll. 罗汉松科　罗汉松属

识别要点:常绿乔木,树皮光滑,片状脱落;叶子为变态的枝条,交互对生,厚革质,宽披针形,无中脉,细脉多,绿色有光泽。雌雄异株,种子核果状,圆形,种托干瘦。

生态习性:耐阴,不耐强光直射。对土壤要求较严,喜深厚、疏松、湿润、腐殖质丰富、酸性的沙壤土至轻黏土,低洼积水处不宜生长。不耐修剪。

观赏特性及应用:树干通直,枝叶翠绿,四季常青,树形美观,是优良的园林树种之一,也可盆栽作室内观叶树种。

竹柏

✻ 思考题

1. 描述 3 种你所熟悉的裸子植物的观赏特性。
2. 用检索表区别 10 种裸子植物。
3. 结合自己所见,评析裸子植物在园林绿化中的应用效果。
4. 简述世界五大庭院观赏树的观赏价值。
5. 根据下列条件,选择合适的裸子植物。
(1)能在石灰岩或钙质土环境生长的树种;
(2)能在干旱贫瘠的山地环境生长的树种;
(3)能在水湿、水淹及沼泽环境下生长的树种。

实训一　常绿类裸子植物识别与应用评析

✶ 一、目的要求

复习和巩固植物形态的知识,识别常见常绿类裸子植物种类,培养和提高野外观察、识别、鉴赏和应用能力。

二、材料用具

树木标本园、花圃或公园中常见园林观赏树种,采集袋、标牌、高枝剪、手枝剪、笔记本、笔、皮尺、解剖针、刀片、放大镜、《福建植物志》、《园林观赏树木 1200 种》、《中国高等植物图鉴》、《中国树木志》、《观赏树木》等。

三、方法步骤

(一)树种形态观测记录

主要内容包括:

1. 树木生长习性:乔木、灌木、木质藤本、常绿、落叶。

2. 树木生长状况:高度、冠幅(南北、东西)、分枝方式。

3. 叶:叶型、叶色、叶缘、毛及颜色、叶形、长度及宽度、叶脉的数量及形状。

4. 枝:枝色、枝长。

5. 皮孔:大小、颜色、形状及分布。

6. 树皮:颜色、开裂方式、光滑度。

7. 球花:类型、颜色、数量、花序的类型。

8. 皮刺(卷须、吸盘):着生位置、形状、长度、颜色、分布状况。

9. 芽:种类、颜色、形状。

10. 球果:种类、形状、颜色、长度、宽度。

11. 种子:形状、颜色、长度、宽度。

(二)树种识别

1. 在老师的指导下,进行标本采集和野外记录。

2. 通过对标本的解剖和观察,描述植物的形态特征。

3. 根据植物的主要特征,利用工具书鉴定其科、属、种名,教师指导并订正。

4. 掌握识别要点,区别、熟记常见树种,或者通过编写检索表记忆和识别树种。

(三)鉴赏与应用评析

针对某植物的形态特征和生长适应性,对其观赏价值作出评价,并提出园林应用方法。

四、结果与分析

将实训过程详细记录,体现实训操作中的主要技术环节。

五、问题讨论

对实训过程的体会和存在的问题进行总结和讨论。

实训二　落叶类裸子植物识别与应用评析

✦一、目的要求

复习和巩固植物形态的知识,识别常见落叶类裸子植物种类,培养和提高野外观察、识别、鉴赏和应用能力。

✦二、材料用具

树木标本园、花圃或公园中常见园林观赏树种,采集袋、标牌、高枝剪、手枝剪、笔记本、笔、皮尺、解剖针、刀片、放大镜、《福建植物志》、《园林观赏树木 1200 种》、《中国高等植物图鉴》、《中国树木志》、《观赏树木》等。

✦三、方法步骤

（一）树种形态观测记录

主要内容包括:

1. 树木生长习性:乔木、灌木、木质藤本、常绿、落叶。

2. 树木生长状况:高度、冠幅(南北、东西)、分枝方式。

3. 叶:叶型、叶色、叶缘、毛及颜色、叶形、长度及宽度、叶脉的数量及形状。

4. 枝:枝色、枝长、长枝、短枝。

5. 皮孔:大小、颜色、形状及分布。

6. 树皮:颜色、开裂方式、光滑度。

7. 球花:类型、颜色、数量、花序的类型。

8. 皮刺(卷须、吸盘):着生位置、形状、长度、颜色、分布状况。

9. 芽:种类、颜色、形状。

10. 球果:种类、形状、颜色、长度、宽度。

11. 种子:形状、颜色、长度、宽度。

（二）树种识别

1. 在老师的指导下,进行标本采集和野外记录。

2. 通过对标本的解剖和观察,描述植物的形态特征。

3. 根据植物的主要特征,利用工具书鉴定其科、属、种名,教师指导并订正。

4. 掌握识别要点,区别、熟记常见树种,或者通过编写检索表记忆和识别树种。

（三）鉴赏与应用评析

针对某植物的形态特征和生长适应性,对其观赏价值作出评价,并提出园林应用方法。

✳ 四、结果与分析

将实训过程详细记录,体现实训操作中的主要技术环节。

✳ 五、问题讨论

对实训过程的体会和存在的问题进行总结和讨论。

模块 三

阔叶类木本观赏植物识别与应用

知识目标

　　阔叶类木本观赏植物主要包括落叶乔木、常绿乔木、落叶灌木、常绿灌木、木质藤本、竹类植物六个部分。它们或树冠茂密,荫浓如盖,或花色鲜艳,花香四溢,或果色艳丽,果实累累,或树姿婆娑,姿态优美,各具特色,别有风味,是园林绿化和室内植物装饰的重要材料,广泛应用于庭院、公园、道路等各类园林绿地的绿化美化,以及盆栽观赏和盆景制作。通过学习,熟悉阔叶类木本观赏植物的形态特征、生态习性、观赏特性和园林应用的基本知识。

技能目标

　　通过学习,能熟练识别阔叶类木本观赏植物,理解常见种类的观赏特性和园林应用。

3.1　落叶乔木类

1. 厚朴

Magnolia officinalis Rehd. et Wils. 木兰科　木兰属

　　识别要点:落叶乔木,小枝粗壮,顶芽大。叶大,叶集生枝顶,长圆状倒卵形,先端急尖或圆钝,背部有弯曲毛及白粉,侧脉整齐明显,托叶痕延至叶柄中部以上。花大,白色,聚合蓇葖。果卵状圆柱形。花期 4—6 月,果期 8—10 月。

　　生态习性:喜光,幼树耐阴,喜温凉湿润的气候及排水良好的酸性土壤,不耐严寒酷暑、多雨及干旱。宜播种繁殖。

　　观赏特性及应用:花大姿美,洁白芳香,叶大荫浓。可作庭荫树、观赏树及园路树。孤植、丛植。

厚朴

2. 二乔玉兰（朱砂玉兰、紫砂玉兰、凸头玉兰）

Magnolia soulangeana Soul.-Bod. 木兰科　木兰属

识别要点：落叶小乔木，小枝紫褐色。叶互生，有时呈螺旋状，倒卵形至卵状长椭圆形，先端圆宽，平截或微凹，具短突尖，全缘。背面叶脉上有柔毛。花钟状，大而芳香，外面呈淡紫红色，内面白色。花期3月先叶开放；果期9月。

二乔玉兰

生态习性：喜光，耐旱性和耐寒性较强。嫁接、扦插或播种。

观赏特性及应用：花苞丰满，花大色艳，盛开时皎洁晶莹，灿烂夺目，观赏性强，是城市绿化的极好花木。广泛用于公园、绿地和庭园等孤植观赏。

3. 玉兰（白玉兰、望春花）

Magnolia denudate Desr. 木兰科　木兰属

识别要点：落叶乔木，枝条上有托叶环。幼枝、芽及叶柄具柔毛。单叶，互生，纸质，叶倒卵状椭圆形，先端宽圆，有突尖，基部楔形，全缘。花大，两性，单生于枝顶，白色，厚而肉质，有香气。花期2—3月，果期8—9月。

玉兰

生态习性：喜光，略耐阴，稍耐寒，较耐旱，不耐水湿，喜肥沃湿润的酸性土壤。生长慢，萌芽力强，对二氧化硫、氟化氢、氯气等有毒气体有较强的抗性。

观赏特性及应用：花大色白，清香扑鼻，早春繁花满树，花后枝叶茂盛，入秋绿叶红果，是驰名中外的珍贵庭园观花树种。或孤植，或丛植，或列植。与海棠、迎春、牡丹、桂花等配置在一起，即为中国传统园林中"玉棠春富贵"意境的体现。也可在工矿厂区绿化。

4. 鹅掌楸（马褂木）

Liriodendron chinense Sarg. 木兰科　鹅掌楸属

识别要点：落叶乔木，树冠阔圆锥形。托叶大，包被在幼芽上，脱落后留下环状托叶痕。顶芽发达。单叶互生，叶先端截形或微凹，两侧各具1裂片，叶背有乳状白粉点。花两性，单生枝顶，花被片较大，黄绿色。聚合翅果。花期5月，果期9月。

鹅掌楸

生态习性：喜光，喜凉爽湿润气候，不耐干旱及水湿，在深厚、湿润、肥沃及排水良好的酸性或微酸性的土壤上生长迅速。

　　观赏特性及应用:树干通直,树姿端正,叶大荫浓,叶形奇特,秋季叶色艳黄,十分美丽,花如金盏,古雅别致,是优良的行道树和庭荫树种。

5. 梅(干枝梅、春梅)

Prunus mume Sieb. et Zucc. 蔷薇科　李属

梅

　　识别要点:落叶乔木,小枝绿色,常有枝刺。顶芽缺。单叶互生,叶宽卵形或卵形,先端渐长尖呈尾尖,叶缘细锯齿,叶柄常有腺体。花两性,单生或2朵并生,花梗短或无;白、淡红、粉、绿、绛紫、洒金等色,先叶开放。核果。花期1—3月,果期5—6月。

　　生态习性:喜光,喜温暖湿润气候,对土壤要求不严,在排水良好的沙壤土上生长良好。不耐涝,萌芽力强,耐修剪。寿命长。以嫁接繁殖为主。

　　观赏特性及应用:梅花是我国传统名花之一,早春开放,端庄秀雅,暗香清幽,是美化庭院的珍品,多与松树、竹子搭配种植,有"岁寒三友"之称。在庭园、草坪、低山、"四旁"及风景区都可种植,孤植、丛植、群植均适宜,或点植于庭园一角,配以山石造景,或植于篱角、山边与竹林相伴,或植于小桥流水处,以松为邻,均给人一种清新脱俗之感。也可布置成专类园。梅树枝干苍劲,适作桩景。花枝可作插花材料。

　　主要栽培品种:按姿态可分为直脚梅、照水梅和龙游梅;按花形、花色则有江梅、宫粉、玉蝶、朱砂、绿萼和洒金等类型。

6. 桃

Prunus persica L. 蔷薇科　李属

　　识别要点:落叶小乔木,树皮暗红色,小枝绿色或褐绿色。单叶,互生,叶椭圆状披针形,叶缘有细锯齿,叶柄具腺体。花两性,单生,粉红色,花梗短,先叶开放。核果。花期3月,果期6—9月。

　　生态习性:喜光,较耐旱,不耐水湿,喜排水良好的沙质壤土,浅根性。寿命略短。播种、嫁接繁殖。

桃

　　观赏特性及应用:花红色艳,是我国早春主要观花树种之一,在园林绿地中应用广泛,如在庭园、山坡、池畔、墙边、假山旁、草坪、林缘等处均可栽植。孤植、丛植、列植、群植均适宜。可栽或作切花,还可布置成专类园。

　　主要栽培品种:

①碧桃"Duplex":花较小,粉红色,重瓣或半重瓣。

②白碧桃"Albo-plena":花大,白色,重瓣,密生。

③红碧桃"Rubro-plena"：花红色，近于重瓣。

④垂枝桃"Pendula"：枝条下垂，花多近于重瓣，白、粉红、红色等。

⑤塔桃"Pyramidalis"：枝条近直立向上，形成窄塔形树冠。

7. 福建山樱花（山樱花、山樱桃、钟花樱）

Cerasus campanulata Maxim. 蔷薇科　李属

福建山樱花

识别要点：落叶乔木，树干通直，老树皮呈片状剥落，并有水平方向排列的线形皮孔。叶纸质，卵形至卵状长椭圆形，先端渐尖，基部圆形，边缘密生重锯齿。每年冬末春初开花，先花后叶，单生或3～5朵形成伞房花序，呈下垂性开展，腋出，花梗细长，桃红色、绯红色或暗红色。核果熟深红色。果期5—6月。

生态习性：喜光，稍耐阴，不甚耐寒。要求土层深厚、肥沃、排水良好的土壤。嫁接繁殖。

观赏特性及应用：早春先花后叶，花姿优美，花色艳丽，花期长。果色红艳。观赏价值高，适宜种植于中国式庭园的水池边、假山旁或院落中，又可布置于公园中；亦可充当行道树，用于地栽造景、盆栽观赏或切枝装饰。

8. 红叶李（紫叶李）

Prunus cerasifera cv. *atropurpurea* Jacq. 蔷薇科　李属

红叶李

识别要点：落叶小乔木，小枝光滑，枝条、叶片、花柄、花萼等都呈紫红色。叶片卵形至倒卵形，端尖，基圆，叶缘具尖细重锯齿。花两性，单生，淡粉红色。核果球形，暗红色。花期4月，果期8月。

生态习性：喜光，喜温暖湿润气候，不耐寒，对土壤要求不严，以肥沃、深厚、排水良好的中性或酸性土壤生长良好。嫁接繁殖。

观赏特性及应用：常年叶色红紫，鲜艳美丽，为重要的观叶树种。宜植于建筑物前、园路旁或草坪一隅。常与雪松、女贞等树种配植，装饰效果良好。

9. 凤凰木（红花楹、金凤树、火树、凤凰树）

Delonix regia (Bojer) Raf. 苏木科　凤凰木属

识别要点：落叶乔木，树冠开展。二回偶数羽状复叶，有羽片10～23对，每羽片有小叶

20～40 对,小叶长椭圆形,基部歪斜。总状花序伞房状,花冠鲜红色,荚果带状,木质扁平。花期 5—8月,果期 10—12月。

生态习性:喜光,喜高温,不耐寒,喜湿润肥沃而排水良好的沙质壤土,根系发达,抗风力强。播种繁殖。

观赏特性及应用:树冠高大,树冠伞形开展;叶形如鸟羽,轻盈秀丽;花期花大色艳,满树如火,富丽堂皇,与绿叶相衬极为美观,是著名的热带观赏树种。可作行道树、庭荫树或风景树种植。

凤凰木

10. 黄花槐(黄槐、粉叶决明)

Cassia surattensis Burm. f. 苏木科　决明属

识别要点:落叶小乔木。偶数羽状复叶,小叶7～9 对,叶柄及总轴基部有棒状腺体,小叶长椭圆形至卵形,叶基圆形而常歪斜,顶部圆而微凹。伞房状总状花序,生于上部枝条叶腋,花鲜黄色。全年均能开花,但以 9—10 月为盛期。荚果扁平。

生态习性:喜光,稍能耐阴,不耐寒,生长快,宜在疏松、排水良好的土壤中生长,肥沃土壤中开花旺盛。耐修剪。播种繁殖为主,亦可扦插。

观赏特性及应用:夏秋两季开花,花期较长,花色鲜艳黄色,色彩夺目,艳而不娇。常作为工厂、校园或城市道路绿化的行道树和庭院树。可列植、孤植、群植于花坛、花带。

黄花槐

11. 刺桐(山芙蓉、象牙红)

Erythrina variegata Linn. 蝶形花科　刺桐属

识别要点:落叶或半落叶乔木,干皮灰色,具圆锥形皮刺。三出复叶互生,小叶菱形或菱状卵形。总状花序顶生,花萼佛焰状暗红色,花冠蝶形,鲜红色,花期冬春季。荚果圆柱形,种子红色。

生态习性:喜光,喜高温、湿润环境和排水良好的肥沃沙壤土,忌潮湿的黏质土壤,不耐寒。扦插繁殖。

观赏特性及应用:开花时节,花色鲜红,花形如辣椒,花序颀长,若远远看去,每一只花序就好似一串熟透了的火红的辣椒。刺桐适合单植于草地或建筑物旁,可供公园、绿地及风景区美化,又是公路及市街的优良行道树。可对植、列植、群植。

刺桐

12. 大叶榕(黄葛树、黄葛榕)

Ficus virens Ait. var. *sublanceolata*(Miq.)Corner 桑科　榕属

识别要点:落叶乔木,叶卵状长椭圆形,长 8～16 cm,先端急尖,基部心形或圆形,全缘,基出脉 3 条,侧脉 7～10 对,网脉稍明显;叶厚纸质,无毛,叶柄长 2～3 cm;托叶长带形,急尖,长 5～10 cm;隐花果球形,径 5～7 mm,无梗。花果期 4—8 月。

生态习性:喜光,喜暖湿气候及肥沃土壤;生长快,萌芽力强,抗污染。扦插或播种繁殖。

观赏特性及应用:树大荫浓,树冠开展。宜作庭荫树及行道树。

大叶榕

13. 榉树(大叶榉)

Zelkova schneideriana Hand.-Mszz. 榆科　榉属

识别要点:落叶乔木,树冠倒卵状伞形。树干通直,树皮光滑或呈小块状薄片剥落,小枝被白色柔毛。叶椭圆状卵形,先端渐尖,基部宽楔形近圆,锯齿钝尖、整齐,上面粗糙,下面密生灰色柔毛,叶柄短。坚果。花期 3—4 月;果熟期 10—11 月。

生态习性:喜光,略耐阴。喜温暖气候和肥沃湿润的土壤,耐轻度盐碱,不耐干旱瘠薄,忌积水;抗性强,耐烟尘。深根性,寿命长。播种繁殖。

观赏特性及应用:树体雄伟高大,盛夏绿荫浓密,秋叶红艳。可孤植、丛植于公园和广场的草坪、建筑旁作庭荫树,与常绿树种混植作风景林,列植于人行道、公路旁作行道树。是居民新村、农村"四旁"绿化树种。萌芽力强,是制作树桩盆景的好材料。

榉树

14. 榔榆(小叶榆)

Ulmus parvifolia Jacq. 榆科　榆属

识别要点:落叶乔木,树冠扁球形或卵圆形。树皮灰褐色,不规则薄片状剥落,内皮红褐色,树皮纤维发达。单叶互生,排成二列状,叶较小而厚,长椭圆形,基部偏斜,叶缘具单锯齿,叶片手摸有粗糙感。翅果长椭圆形。花期 8—9 月,果期 9—10 月。

生态习性:喜光,稍耐阴,有一定的耐干旱瘠薄的能力,喜温暖气候,喜肥沃、湿润土壤。对二氧化

榔榆

硫等有毒气体及烟尘的抗性较强。播种或扦插繁殖。

观赏特性及应用:树冠庞大开展,树皮斑驳雅致,枝叶细密,树形优美,在庭院中孤植、丛植,或与亭榭、山石配置都很合适。还可栽作庭荫树和行道树,也是制作树桩盆景的优良材料和厂矿区绿化的优良树种。

15. 朴树

Celtis sinesis Pers. 榆科　朴属

识别要点:落叶乔木,树皮灰色光滑,叶片手摸有粗糙感,叶基不对称,宽卵形、椭圆状卵形,上半部锯齿;三出脉,表面无毛,背面叶脉处有毛。核果近球形,单生叶腋,红褐色,果柄等长或稍长于叶柄。花期4—5月,果熟期10月。

生态习性:喜光,稍耐阴。喜肥厚湿润疏松的土壤,耐干旱瘠薄,耐轻度盐碱,耐水湿。适应性强,深根性,萌芽力强,抗风,耐烟尘,抗污染,生长较快,寿命长。播种繁殖。

朴树

观赏特性及应用:树体高大雄伟,树冠圆满宽广,树荫浓郁。可作庭荫树、行道树,孤植或丛植。城市的居民区、学校、厂矿、街头绿地及农村“四旁”绿化都可用,也是河网区防风固堤树种。亦可作桩景材料。

16. 垂柳(垂杨柳、水柳、垂枝柳)

Salix babylonica L. 杨柳科　柳属

识别要点:落叶乔木,树皮深灰色,纵裂。小枝细长下垂,一年生枝条紫褐色或黄色,无顶芽,侧芽单生,芽鳞1片。单叶互生,叶线状披针形,叶缘有细锯齿。花单性,雌雄异株,荑夷花序。花期3—4月,果期4—5月。

生态习性:喜光,不耐阴,较耐寒,不太耐旱,特耐水湿,喜生于水边,耐短期水淹,喜温暖湿润气候及潮湿深厚的酸性或中性土壤。萌芽力强,生长迅

垂柳

速,耐修剪,寿命较短。对二氧化硫等有毒气体抗性较强。播种、扦插繁殖。

观赏特性及应用:枝条细长,柔软下垂,随风飘舞,婀娜多姿,植于河岸及湖边池畔,枝条依依拂水,深情款款,自古就是我国重要的庭园观赏树。可用作行道树、庭荫树、固堤护岸树,也是平原造林树种和厂矿区绿化的优良树种。

17. 枫香(枫树、路路通)

Liquidambar formosana Hance 金缕梅科　枫香属

识别要点:落叶乔木,单叶互生,常为掌状3裂,先端尾尖,基部心形,边缘有细锯齿,叶

柄长,揉搓有芳香味。花单性同株,头状花序,雌花具尖萼刺,花柱宿存。蒴果聚合成球形。花期 2—4 月,果期 10 月。

生态习性: 阳性树。喜光,幼树稍耐阴,耐干旱瘠薄土壤,不耐水涝,有较强的耐火性。喜温暖湿润气候及湿润肥沃而深厚红黄土壤。深根性。不耐移植及修剪,萌生力极强。对二氧化硫、氟化氢、氯气有毒气体的抗性和吸收能力较强。

枫香

观赏特性及应用: 树体高大,树干通直,深秋时节,叶色红艳,是南方著名的秋色叶树种。可作庭荫树,适合营造风景林,或在草地、池畔、山坡等地与其他树木混植,还可用于厂矿区绿化。

18. 台湾栾树(金苦楝、苦楝舅)

Koelreuteria henryi Dummer 无患子科　栾树属

识别要点: 落叶乔木,干直立,树冠开展伞形。二回羽状复叶,小叶 10~13 cm,长卵形,先端尖,小叶基部歪斜,纸质,浅重锯齿缘。大型圆锥花序顶生,花冠黄色。蒴果呈膨大球囊状,由三瓣合成,似纸折的小灯笼,粉红色至赤褐色,最后呈土色。花期 9—10 月。

台湾栾树

生态习性: 喜光,耐半阴;耐寒,耐干旱、瘠薄,喜生于石灰质土壤,也能耐盐渍及短期水涝。深根性,萌蘖力强;生长速度中等,幼树生长较慢,以后渐快。有较强的抗烟尘能力。繁殖以播种为主,分蘖、根插也可。

观赏特性及应用: 花序、果实及叶片色彩均饶富变化,开花和结果期很长,树性强韧又耐污染且成长迅速,为世界级的行道树种,适合作园景树或行道树。

19. 无患子

Sapindus mukorossi Gaertn. 无患子科　无患子属

识别要点: 落叶乔木,小枝无毛,皮孔明显。偶数羽状复叶,互生,小叶 8~14 cm,长椭圆形状披针形,全缘,基部歪斜。圆锥花序顶生,花黄绿色。花期 5—7 月,果期 10 月。

生态习性: 喜光,稍耐阴,喜温暖湿润气候,略耐寒,对土壤要求不严,深根性,耐干旱,不耐水湿。萌芽力弱,不耐修剪。对二氧化硫抗性强。生长快,寿命长。播种繁殖。

无患子

观赏特性及应用: 树干通直,树冠广阔,绿荫如伞,秋叶金黄,羽叶秀丽,果实累累,橙黄美观,孤植、丛植均可,是良好的庭荫树、行道树、风景树,也是厂矿绿化的好树种。

20. 重阳木

Bischofia polycarpa (Levl) Airy-Shaw. 大戟科　重阳木属

识别要点:落叶乔木,树皮褐色纵裂。三出复叶,具长叶柄,小叶卵形至椭圆状卵形,先端突尖或突渐尖,叶基圆形或近心形,缘有细钝齿,两面光滑无毛。花小,单性异株,总状花序腋生,浆果球形,熟时红褐色。花期4—5月,果期10—11月。

生态习性:喜光,稍耐阴,在湿润、肥沃土壤中生长最好,能耐水湿。根系发达,抗风力强,生长快,对二氧化硫有一定抗性。播种繁殖。

观赏特性及应用:树冠扇形或球形,枝叶茂密,树姿优美,早春嫩叶鲜绿,秋叶色红。宜作庭荫树、行道树及

重阳木

堤岸树。可在草坪、湖畔、溪边丛植点缀。孤植、丛植或与常绿树种配置,秋日分外美丽。

21. 鸡蛋花(缅栀子、鹿角树、蛋黄花)

Plumeria rubra L. cv. Acutifolia. 夹竹桃科　鸡蛋花属

识别要点:落叶小乔木。小枝粗壮,肥厚多肉,有乳汁,绿色,无毛。叶大,互生,聚生枝顶,长椭圆形或长圆状倒披针形。聚伞花序顶生,花冠筒状,5裂呈螺旋状散开,外面乳白色,中心鲜黄色,芳香。花期5—10月,果期7—12月,一般栽培的植株很少结果。

生态习性:性喜高温高湿、阳光充足、排水良好的环境。能耐干旱,但畏寒冷,忌涝渍,喜酸性土壤,但也抗碱性。栽培以深厚肥沃、通透良好、富含有机质的酸性沙壤土为佳。

鸡蛋花

观赏特性及应用:夏季开花,花色素雅,花味芳香;落叶后,光秃的树干弯曲自然,其状甚美。适合于庭院、草地中孤植、片植,也可盆栽。常种植于寺庙四旁,故又名"庙树"或"塔树"。

22. 鸡爪槭(青枫、鸡爪枫)

Acer palmatum Thunb 槭树科　槭树属

识别要点:落叶小乔木,树皮平滑,小枝纤细,红棕色。单叶对生,绿色,掌状5～9深裂,基部心形,先端尾状,锐齿不整齐,老叶无毛,秋叶紫红。花小,伞房花序,翅果,双翅成直角,熟时棕黄。

生态习性：喜光，稍耐阴，喜温暖湿润，亦耐寒。较耐旱，不耐涝，对土壤要求不严，以疏松、肥沃、湿润、排水良好的土壤为好。对二氧化硫和烟尘抗性较强。

鸡爪槭

观赏特性及应用：枝叶舒展，错落有致；树冠开展如伞，树姿轻盈清秀；叶裂如爪，形态奇特；春天鲜红悦目，夏日略带紫色，秋末红叶如锦，色艳如花，灿烂如霞，红艳夺目；适应性强，管理简便。为珍贵的观叶、观形树种。可在各类园林绿地中作孤植、对植点缀应用，或群植为背景，也是盆栽和制作盆景的佳品。

主要栽培品种：

①红枫(cv. atropurpureum)：又名红叶鸡爪槭、紫红鸡爪槭。叶深裂几达叶片基部，裂片长圆状披针形，叶红色或紫红色。

②细叶鸡爪槭(cv. dissectum)：又名羽毛枫、羽毛槭、塔枫。叶掌状深裂达基部，为7～11裂，裂片又羽状分裂，具细尖齿。树冠开展，枝略下垂。

③深红细叶鸡爪槭(cv.ornatum)：又名红细叶鸡爪槭、红羽毛枫。形同细叶鸡爪槭，但叶片呈紫红色。

23. 木棉（红棉、英雄树、攀枝花）

Bombax ceiba L. 木棉科　木棉属

识别要点：落叶大乔木，幼树树干基部密生鼓钉状皮刺，侧枝轮生，平展。掌状复叶，小叶5～7cm，长椭圆形，全缘。花大，两性，橙红色或鲜红色，簇生于枝端。蒴果长椭圆形，果瓣内有绵毛。先花后叶，花期3—4月，果期6月。

生态习性：喜光，较耐旱，喜暖热气候，不耐寒。深根性，萌芽性强，生长迅速。可用播种繁殖。

木棉

观赏特性及应用：热带和南亚热带地区重要园林绿化观赏树种。树形高大挺拔，气势雄伟，树冠开展如伞，早春先花后叶，花红似火，硕大如杯，艳丽如霞，红艳夺目。常作行道树、风景树、庭园树和庭荫树使用，孤植、列植皆宜。

24. 石榴（安石榴）

Punica granatum L. 石榴科　石榴属

识别要点：落叶小乔木，树冠常不整齐。小枝有四棱，顶端常呈刺状，有短枝。无顶芽。单叶，对生，在短枝上簇生，长椭圆状披针形，全缘。花两性，1～5朵聚生，有红色、粉色、橙红、黄色等品种，单瓣或重瓣，单生枝顶。浆果近球形，深黄色。花期5—8月，果期9—

10月。

生态习性：喜光,喜温暖气候,有一定耐寒能力。较耐干旱和瘠薄,不耐水涝。对土壤要求不严,但喜肥沃、湿润、排水良好的石灰质土壤,对二氧化硫等有毒气体抗性较强。萌蘖力强,寿命较长。

观赏特性及应用：树姿优美,枝叶秀丽,花色艳丽,花期长,果实丰硕,是观花、观果的著名树种。可孤植、丛植、群植于庭园、草坪边缘、路边、林缘、阶前、窗前或亭台、山石、长廊之侧。可用于厂矿区绿化和作为制作桩景的材料。

石榴

25. 紫薇(痒痒树)

Lagerstroemia indica L. 千屈菜科　紫薇属

识别要点：落叶小乔木,树皮呈薄片状剥落后内皮光滑。小枝略呈四棱形。单叶,对生或近对生,椭圆形或倒卵形,近五柄。花两性,圆锥花序,顶生,花色丰富,有淡红、浅紫、白色等色,花瓣皱波状。蒴果花萼宿存。花期6—9月,果期10—11月。

生态习性：喜光,稍耐阴。喜温暖湿润气候,耐寒性不强,对烟尘和有毒气体抗性较强。耐旱,喜肥沃、湿润而排水良好的土壤,不耐水湿。生长较慢,萌蘖性强,寿命长。

紫薇

观赏特性及应用：树姿优美,树皮光洁,花色艳丽,花朵繁密,花期长,为园林常用树种。常植于建筑物前、院落内、池畔、河边、草坪旁及公园小径两旁,孤植、丛植、群植均适宜,还常用于建专类园,也是树桩盆景的好材料。

主要栽培品种：

①银薇(var. Alba)：花白色或带淡堇紫色,叶色淡绿。

②翠薇(var. Rubra)：花紫堇色,叶色暗绿。

③红薇(var. Amabilis)：花桃红色。

26. 大花紫薇(大叶紫薇、洋紫薇)

Lagerstroemia speciosa（L.）Pers.

千屈菜科　紫薇属

识别要点：落叶乔木,枝条初为绿色、后变为灰色,最后为赤褐色。叶大,对生,长椭圆形或长卵形,先端锐尖,全缘,无毛,叶柄短。圆锥花序顶生,花冠大,紫或紫红色,花瓣卷皱状。蒴果圆形,成熟茶褐色,种子有翅。花期5—8月。

生态习性：喜光,稍耐阴,耐热,耐旱,喜温暖气候,耐寒性不强;喜肥沃、湿润而排水良好的石灰性土壤,耐旱,怕涝,抗污染;萌芽性强,生长较慢,寿命长。

观赏特性及应用:炎夏繁花竞放,花色艳丽,花期长久,花团锦簇,蔚为壮观;秋季树叶满树金黄;蒴果盛开时幽柔华丽,极为出色。为高级园景树、行道树、遮荫树,适于各式庭园、校园、公园、庙宇、工矿、街道及各类园林绿地中种植。可单植、列植、群植,也可盆栽观赏。

大花紫薇

3.2 常绿乔木类

 1. 白兰花

Michelia alba DC. 木兰科　含笑属

识别要点:常绿乔木,叶卵状长椭圆形或长椭圆形,叶背被短柔毛;叶柄上的托叶痕不足叶柄的1/3。花生叶腋,白色,浓香,花被狭长,10片左右。花期4—9月。

生态习性:喜光,喜温暖多雨气候及肥沃、疏松的微酸性土壤,不耐寒;生长较快,萌芽力强,易移栽。对二氧化硫、氯气等有毒气体抗性差。

观赏特性及应用:四季常青,花香怡人。是名贵的香花树种,常作庭荫、观赏树及行道树,也可盆栽观赏。花朵可熏制茶叶或作襟花佩带。

白兰花

 2. 荷花玉兰(广玉兰)

Magnolia grandiflora Linn. 木兰科　木兰属

识别要点:常绿乔木,叶长椭圆形,厚革质,表面亮绿色,背面密被锈色绒毛。花大,径15～25cm,荷花状,白色,芳香。花期6—7月。

生态习性:喜光,喜温暖湿润气候及湿润肥沃土壤,不耐寒,耐烟尘,对二氧化硫等有害气体抗性较强。

观赏特性及应用:树姿雄伟壮丽,叶大荫浓,花似荷花,芳香馥郁。为优良的城市绿化及庭院观赏树种,也可盆栽观赏。

荷花玉兰

3. 乐东拟单性木兰

Parakmeria Lotungensis Law.

木兰科　拟单性木兰属

识别要点:常绿乔木,树皮光滑,全株无毛。小枝具明显的环状托叶痕。单叶互生,倒卵状椭圆形至长椭圆形,硬革质,嫩叶暗红色。花被片 9～14,顶生,有香味。花期 4—5 月。

生态习性:喜光,喜温暖湿润环境,适应性强,抗污染;生长较快,病虫害少。

观赏特性及应用:树干端直,树冠塔形,嫩叶暗红色,老叶光洁亮绿,初夏花白,清香远溢,对有毒气体有较强的抗性。可作孤植、丛植或作行道树。

乐东拟单性木兰

4. 乐昌含笑

Michelia chapensis Dandy. 木兰科　含笑属

识别要点:常绿乔木,小枝无毛,幼时节上有毛。叶薄革质,倒卵形至长圆状倒卵形,光泽,先端短尾尖,基部楔形。花被片 6,黄白色带绿色,具芳香。花期 3—4 月。

生态习性:生长快,适应性强,耐高温,喜温暖湿润的气候,生长适宜温度为 15～32℃,能抗 41℃的高温,亦能耐寒。喜光,喜深厚、疏松、肥沃、排水良好的酸性至微碱性土壤。能耐地下水位较高的环境,在过于干燥的土壤中生长不良。

乐昌含笑

观赏特性及应用:树干挺拔,树荫浓郁,花香醉人,四季常青。可孤植或丛植,用于庭院与公园绿化中,亦可作行道树。

5. 火力楠(醉香含笑)

Michelia macclurei Dandy. 木兰科　含笑属

识别要点:常绿乔木,树皮光滑不裂。芽、幼枝、幼叶均密被锈褐色绢毛。叶卵形或椭圆形,厚革质,背面被灰色或淡褐色细毛,叶柄上无托叶痕。

生态习性:喜温暖湿润的气候,忌干旱,喜光,稍耐阴,喜土层深厚的酸性土壤。萌芽力强,生长迅速,寿命长,耐寒性较强,有一定的抗风能力。

观赏特性及应用:树干通直,树形整齐美观,枝叶繁茂,花多而芳香。适宜广场绿化、庭院绿化及

火力楠

道路绿化,单植、丛植、群植和列植均宜。

6. 木莲

Manglietia fordiana(Hemsl.)Oliv.

木兰科　木莲属

木莲

识别要点:常绿乔木,干通直,树皮灰色,平滑。小枝灰褐色,有皮孔和环状托叶痕,幼枝及芽有红褐色短毛。单叶互生,长椭圆形至倒披针形,革质,全缘,背面疏生红褐色短硬毛。花白色,形如莲,单生枝端,花梗粗短。聚合蓇葖果紫色。花期4—5月。

生态习性:喜光,幼时耐阴,喜温暖湿润气候及肥沃的酸性土壤,不耐酷暑,在低海拔过于干热处生长不良。

观赏特性及应用:树干挺拔,树荫浓密,花朵美丽,花香怡人。是南方园林绿化及观赏的重要树种,在园林中孤植、列植、群植均适宜。

7. 乳源木莲(狭叶木莲)

Manglietia yuyuanensis Law. 木兰科　木莲属

乳源木莲

识别要点:常绿乔木,与木莲相似,但本种除芽有金黄色柔毛外,全株无毛。叶较狭,倒披针形或狭倒卵状椭圆形,先端尾尖或渐尖,背面淡灰绿色。花被片9,白色,外轮带绿色。花期4—5月。

生态习性:喜光,幼时耐阴,喜温暖湿润气候及肥沃的酸性土壤。

观赏特性及应用:树干通直,树荫浓密,花形如莲,色白芳香。是南方园林绿化及观赏的重要树种,可孤植、列植、群植。

8. 深山含笑

Michelia maudiae Dunn. 木兰科　含笑属

深山含笑

识别要点:常绿乔木,全株无毛。树皮平滑不裂。芽、幼枝、叶背均被白粉。叶互生,革质而不硬,网脉致密,结成细眼;托叶痕不延至叶柄。花白色,直径10~12 cm,花被片9,芳香。花期2—4月。

生态习性:中性偏阴,喜温暖湿润气候和深厚肥沃的土壤,能耐-9℃的低温,抗干热,对二氧化硫的抗性较强。

观赏特性及应用:四季常青,花白如玉,花香袭人,花期长,花量多,为早春优良芳香观花树种,也是优良的园林和四旁绿化树种。

9. 木麻黄

Casuarina equisetifolia Forst. 木麻黄科　木麻黄属

识别要点:常绿乔木,树干通直,树皮深褐色,不规则条裂;小枝绿色,细长下垂,长 10～27 cm,粗约 1 mm,节间长 4～9 mm,每节上有极退化之鳞叶 7 枚,近透明,节间有纵沟 7 条。

生态习性:喜光,喜炎热气候,耐干旱瘠薄及盐碱,也耐潮湿;生长快,抗风力强。

观赏特性及应用:是热带海岸造林绿化最适宜树种,凡沙地和海滨地区均可栽植,其防风固沙作用良好,在城市及郊区亦可作行道树、防护林。

木麻黄

10. 樟树(香樟)

Cinnamomum camphora(L.)Presl. 樟科　樟属

识别要点:树皮幼时绿色,平滑;老时渐变为黄褐色或灰褐色纵裂。叶薄革质,卵状椭圆形,薄革质,离基三出脉,脉腋有腺体,背面灰绿色,无毛。果球形,径约 6 mm,熟时紫黑色。花期 4—5 月,果期 10—11 月。

生态习性:喜光,稍耐阴,喜温暖湿润气候,不耐寒;对土壤要求不严,但以肥沃、湿润、微酸性的黏质土生长最好;较耐水湿,但不耐干旱、贫瘠和盐碱土。深根性,萌芽力强,耐修剪,生长速度中等偏慢,寿命

樟树

长。有一定抗海潮风、耐烟尘和有毒气体的能力,并能吸收多种有毒气体,较能适应城市环境。

观赏特性及应用:枝叶茂密,冠大荫浓,树姿雄伟,广泛作为庭荫树、行道树、防护林及风景林,配植于池畔、水边、山坡等。在草地中丛植、群植、孤植或作为背景树。

11. 阴香(广东桂皮)

Cinnamomum burmannii Bl. 樟科　樟属

识别要点:常绿乔木,树皮光滑,灰褐色至黑褐色,内皮红色。枝条纤细,绿色或褐绿色,具纵向细条纹,无毛,味芳香微辣。叶互生或近对生,卵状长椭圆形,离基三出脉,脉腋无腺体,背面粉绿色,无毛。圆锥花序长 2～6 cm。果卵形,果托边具 6 齿裂。

生态习性:较喜光,喜暖热湿润气候及肥沃湿润土壤。对氯气和二氧化硫均有较强的抗性。

阴香

观赏特性及应用：树冠浓密，四季常青，为理想的防污绿化树种。多用于城市行道树、庭荫树，也可用于厂矿绿化树种。

12. 天竺桂

Cinnamomum pedunculatum (Jack) Meissn.
樟科　樟属

天竺桂

识别要点：常绿乔木，树皮灰褐色，平滑，小枝无毛。叶互生或近对生，硬革质，椭圆状长披针形，长 7~10 cm；离基三出脉近于平行，并在叶两面隆起，脉腋无腺体，背面灰绿色，无毛，芳香。圆锥花序腋生，无毛，多花。果托边全缘或具浅圆齿。

生态习性：喜温暖湿润气候及排水良好的微酸性土壤，幼年耐阴，但不能积水。

观赏特性及应用：树干端直，树冠整齐，枝茂荫浓，对二氧化硫抗性强，隔声、防尘效果好，常作城市、厂矿区绿化、防护林及观赏树种。

13. 腊肠树（阿勃勒）

Cassia fistula L. 苏木科　决明属

腊肠树

识别要点：常绿乔木，偶数羽状复叶，小叶 4~8 对，卵状椭圆形，长 6~16 cm，先端渐钝尖。花黄色，花瓣 5，成下垂总状花序，长 30~60 cm。荚果柱形，长 40~70 cm，熟时棕褐色。花期 6—8 月，果期 10 月。

生态习性：喜光，喜温暖湿润气候，不耐寒。播种或扦插繁殖。

观赏特性及应用：初夏满树黄花，秋季果实累累，荚果状如腊肠，奇特而美丽。可列植、片植观赏，多用作庭园观赏树、行道树和厂矿绿化树。

14. 马占相思

Acacia mangium Willd. 含羞草科　金合欢属

马占相思

识别要点：常绿乔木，小枝有棱角。叶状柄很大，长倒卵形，两端收缩，长 20~24 cm，宽 7~12 cm，具平行脉 4 条，革质。荚果条形卷曲。花期 6—7 月，果期 8—12 月。

生态习性：喜阳光充足、温暖潮湿的环境，对土壤要求不严,抗风,耐干旱,萌芽力强,生长快。

观赏特性及应用:树形圆整美观,叶大荫浓,遮荫效果好。在暖地可作庭园观赏树、行道树和护堤树种,也可作荒山绿化、水土保持树种。

15. 洋紫荆(红花羊蹄甲)

Bauhinia blakeana Dunn. 苏木科 羊蹄甲属

识别要点:常绿小乔木,树冠开展,树干常弯曲。叶大,宽 15～20 cm,先端 2 裂,深达 1/4～1/3。花大,径达 15 cm,花瓣 5,倒卵形至椭圆形,紫红色,有香气;总状花序;花期 11 月至翌年 3 月,或全年开花,盛花期在春秋季。

生态习性:喜光,不耐寒,喜肥沃、湿润的土壤,忌水涝。萌蘖力强,耐修剪。

观赏特性及应用:满树红花,灿烂夺目,花期甚长,十分美丽。在暖地宜作庭院观赏树及庭荫树,也可作水边堤岸绿化树种。是香港的市花。

洋紫荆

16. 羊蹄甲

Bauhinia purpurea L. 苏木科 羊蹄甲属

识别要点:常绿乔木,枝条向上直立,初时略被毛,毛渐脱落。叶近圆形,长 5～12 cm,叶端 2 裂浅心形,深达 1/3～1/2。花大,花瓣倒披针形,玫瑰红色,有时白色,伞房花序。花期 9—10 月。荚果带状,扁平,略呈弯镰状。

生态习性:喜光、温热气候,耐干旱,不耐寒。湿润、肥沃、排水良好的酸性土壤中生长较快。

羊蹄甲

观赏特性及应用:四季常青,花大色艳,树冠开展,花期长,抗污染。常植为庭园风景树及行道树,也适合厂矿绿化。

17. 杨梅

Myrica rubra (Lour.) Sieb. et Zucc. 杨梅科 杨梅属

识别要点:常绿乔木,高达 12～15 m;枝叶茂密,树冠球形;树皮灰色;幼枝及叶背具黄色小油腺点。单叶互生,倒披针形,叶革质,长 6～11 cm,宽 1.5～3 cm,全缘或于端部有浅齿。花期 3—4 月,果期 6—7 月。

生态习性:稍耐阴,不耐烈日直射,喜温暖湿润气候及酸性土壤,不耐寒;深根性,萌芽性强,对二氧化硫、氯气等有毒气体抗性较强。

观赏特性及应用:枝叶繁密,树冠圆整,可植为

杨梅

庭园观赏树种;孤植或丛植于草坪,或列植于路边都很合适;若适当密植,用来分隔空间或屏障视线也很理想。也是厂矿绿化以及城市隔音的优良树种。

18. 桂花(木樨)

Osmanthus fragrans(thunb.)Lout. 木樨科　木樨属

桂花

识别要点:常绿乔木。树皮灰色,不裂。单叶对生,长椭圆形,长 5～12 cm,两端尖,缘具疏齿或近全缘,硬革质;叶腋具 2～3 叠生芽。花小,淡黄色,浓香;成腋生或顶生聚伞花序。花期 9—10 月。

生态习性:喜光,也耐半阴,喜温暖气候,不耐寒,对土壤要求不严,但以排水良好、富含腐殖质的沙质土壤为好。

观赏特性及应用:花期正值中秋,香飘数里,为人喜爱,是优良的庭园观赏树。花可作香料及药用。

主要栽培品种(群):

①丹桂(Aurantiacus):花橘红色或橙黄色,香味差,发芽较迟。有早花、晚花、圆叶、狭叶、硬叶等品种。

②金桂(Thunbergii):花黄色至深黄色,香气最浓,经济价值高。有早花、晚花、圆瓣、大花、卷叶、亮叶、齿叶等品种。

③银桂(Latifolius):花近白色或黄白色,香味较金桂淡;叶较宽大。有早花、晚花、柳叶等品种。

④四季桂(Semperflorens):花黄白色,5—9 月陆续开放,但仍以秋季开花较盛。其中有子房发育正常能结实的月月桂等品种。

19. 垂叶榕(垂榕、吊丝榕)

Ficus benjamina L. 桑科　榕属

垂叶榕

识别要点:常绿乔木,高 7～30 m,通常无气生根;干皮灰色,光滑或有瘤;枝常下垂,顶芽细尖,长达 1.5 cm。叶卵状长椭圆形,长达 10 cm,先端尾尖,革质而光亮,侧脉平行且细而多。

生态习性:喜温暖湿润环境,忌低温干燥环境;对光线要求不太严格;生长发育的适宜温度为 23～32℃,耐寒性较强,可耐短暂 0℃低温。

观赏特性及应用:枝叶优雅美丽,在暖地可作庭荫树、园景树、行道树和绿篱栽培;在温带地区常盆栽观赏。

常见栽培品种:

①斑叶(Variegata):绿叶有大块黄白色斑。

②金叶(Golden Leaves):新叶金黄色,后渐变黄绿。

③金公主(Golden Princess)：叶有乳黄色窄边。

④星光(Starlight)：叶边有不规则黄白色斑块。

⑤月光(Reginald)：叶黄绿色，有少量绿斑。

20. 高山榕（高榕）

Ficus altissima Bl. 桑科　榕属

识别要点：常绿乔木，树皮平滑；老树常有支柱根。叶互生，革质，浓绿，广卵形至广卵状椭圆形，先端钝，全缘，无毛。隐花果红色或黄橙色，径约2 cm，腋生。花期3—4月，果期5—7月。

生态习性：阳性，喜高温多湿气候，耐干旱瘠薄，抗风，抗大气污染。生长迅速，移栽易成活。

观赏特性及应用：冠大荫浓，红果多而美丽，宜作庭荫树、行道树及园林观赏树。

高山榕

21. 菩提树（印度菩提树）

Ficus religiosa L. 桑科　榕属

识别要点：常绿乔木，树皮黄白色或灰色，皮平滑或微具纵棱。单叶互生，薄革质，卵圆形或三角状卵形，全缘，先端长尾尖；滴水的叶尖乃该品种特征，基部三出脉，两面光滑无毛；叶柄长，叶常下垂。

生态习性：喜温暖多湿、阳光充足和通风良好的环境，以肥沃、疏松的微酸性沙壤土为好，冬季温度低于5℃时，无冻害现象，较耐寒。

观赏特性及应用：叶形如心，树冠庞大，树荫浓密，气根悬垂。根压甚大，在早上可以见到叶尖滴下。多作寺庙、庭荫观赏树及行道树。

菩提树

22. 琴叶榕

Ficus pandurata Hance. 桑科　榕属

识别要点：常绿灌木，叶大，提琴状倒卵形，先端短尾尖，中部缢缩，基部耳形硬革质。

生态习性：喜光，耐半阴，喜高温多湿气候及湿润而排水良好的土壤，不耐寒，病虫害少，易管理。

观赏特性及应用：叶大而形状奇特，小树常盆栽作室内观赏植物，常作公园观赏树。

琴叶榕

23. 榕树（小叶榕）

Ficus microcarpa L. f. 桑科　榕属

榕树

识别要点：常绿乔木，多须状气生根。枝叶有乳汁。叶椭圆形至倒卵形，侧脉 5～7 对，在近叶缘处网结，革质，无毛。有环状托叶痕。

生态习性：喜温暖多雨气候及酸性土壤；生长快，寿命长。扦插或播种繁殖。

观赏特性及应用：树冠庞大而圆整，枝叶茂密，其支柱根和枝干交织在一起，形似稠密的丛林，称为"独木成林"。常栽作行道树及庭荫树。

常见栽培种类有：

①黄金榕（Golden Leaves）：嫩叶金黄色，日照愈强烈，叶色愈明艳，老叶渐转绿色。

②乳斑榕（Milky Stripe）：叶边有不规则的乳白或乳黄色斑，枝下垂。

③黄斑榕（Yellow Stripe）：叶大部分为黄色，间有不规则绿斑纹。

④厚叶榕（卵叶榕、金钱榕）[var. *crassilolia*（Shieh）Liao]：叶倒卵状椭圆形，先端钝或圆，厚革质，有光泽。

24. 橡皮树（印度胶榕）

Ficus elastica Roxb. ex Hornem. 桑科　榕属

橡皮树

识别要点：常绿乔木，全体无毛。叶厚革质，长椭圆形，长 10～30 cm，全缘，表面亮绿色，羽状侧脉多而细，平行且直伸；托叶大，淡红色，包被顶芽。隐花果成对生于叶腋。

生态习性：喜光，亦能耐阴，喜暖热气候，肥沃湿润的土壤，稍耐干旱；萌芽力强，移栽易活。

观赏特性及应用：叶大光亮，四季葱绿，为常见的观叶树种。盆栽可陈列于客厅卧室中，以资点缀。在温暖地区可露地栽培作行道树或风景树。

常见栽培变种有：

①美丽胶榕（红肋胶榕）（Decora）：叶较宽而厚，幼叶背面中肋、叶柄及枝端托叶皆为红色。

②三色胶榕（Decora Tricolor）：灰绿叶上有黄白色和粉红色斑，背面中肋红色。

③黑紫胶榕（黑金刚）（Decora Burgundy）：叶黑紫色至墨绿色。

④斑叶胶榕（Variegata）：绿叶面有黄或黄白色斑。

⑤大叶胶榕（Robusta）：叶较宽大，长约 30 cm，芽及幼叶均为红色。

25. 柳叶榕（细叶榕、细叶垂枝榕）

Ficus irregularis L. 桑科　榕属

识别要点：常绿小乔木。高可达 4 m，具气生根。叶互生，菱状歪披针形，叶缘具二棱角或浅裂,革质。枝条细软,叶片下垂。

生态习性:喜半阴、温暖而湿润的气候。较耐寒,适应性强,长势旺盛,容易造型,病虫害少,一般土壤均可栽培。

观赏特性及应用:枝叶茂密,四季常青,姿态秀美,抗有害气体及烟尘的能力强,宜作行道树、工矿区、广场、森林公园等绿化。盆栽适于展厅、博物馆、高级宾馆等处陈列。

柳叶榕

26. 菠萝蜜(木菠萝、树菠萝、波罗蜜)

Artocarpus heterophyllus Lam. 桑科　桂木属

识别要点:常绿乔木,有乳汁;小枝细,有环状托叶痕,无毛。叶互生,椭圆形或倒卵形,长 7～15 cm 全缘(幼树叶有时 3 裂),两面无毛,厚革质。聚花果大形,长 25～60 cm,长椭圆形,成熟时果皮为黄绿色,皮有六角形瘤状突起,坚硬有软刺。果期7—8月。

生态习性:不拘土质,但以表土深厚的沙质土壤最佳,排水需良好,日照宜充足;大树须根少,不耐移植;性喜高温高湿,生长适温为 22～23℃。

菠萝蜜

观赏特性及应用:枝叶浓密,叶色翠绿,四季常青,果实硕大奇特,栽作庭荫树及行道树。

27. 红千层(瓶刷木)

Callistemon rigidus R. Br

桃金娘科　红千层属

识别要点:常绿灌木或小乔木。单叶互生,暗绿色,线形,中脉和边脉明显,全缘,两面有小突点,叶质坚硬。穗状花序紧密,生于枝之近端处,雄蕊鲜红色,由花轴向周围突出,整个花序极似试管刷,夏季开花。

生态习性:喜温暖湿润气候,能耐烈日酷暑,不甚耐寒,喜肥沃、酸性土壤,也耐瘠薄地,萌发力强,耐修剪,抗大气污染。

观赏特性及应用:花期长,花数多,深受人们的喜爱,适合庭院美化,为高级庭院美化观花树、行道树、风景树,还可作防风林、切花或大型盆栽,并可修剪整枝成为高贵盆景。

红千层

28. 木荷（荷木）

Schima superba Gardn et Champ.

山茶科　木荷属

识别要点：常绿乔木，树皮灰褐色，块状纵裂，小枝幼时有毛，后变无毛。叶互生，长椭圆形，基部楔形，缘疏生浅钝齿，灰绿色，背面网脉细而清晰，无毛。花白色，单生叶腋或数朵成顶生短总状花序。蒴果木质，扁球形，熟时 5 裂。花期 5—7 月。

生态习性：喜光，也耐阴，喜温暖气候及肥沃酸性土壤，不耐寒；深根性，萌芽力强，生长较快。

观赏特性及应用：树冠浓密，叶片较厚，革质，具抗火性，是南方重要防火树种。初发叶及秋叶红艳可观，夏开白花，芳香四溢，可植为庭荫树及观赏树。

木荷

29. 厚皮香

Ternstroemia gymnanthera（WightetArn.）Sprague 山茶科　厚皮香属

识别要点：常绿灌木或小乔木，近轮状分枝。单叶互生，常集生枝端，倒卵状至长椭圆形，全缘或上半部有疏钝齿，薄革质，光泽，无毛；叶柄短而红色。花小，淡黄色，浓香。果肉质，球形至扁球形，红色。花期 4—6 月。

生态习性：较耐阴，不耐寒。播种或扦插繁殖。抗风力强，生长缓慢，可耐受轻度修剪，抗污染力强。

观赏特性及应用：适应性强，耐阴，树冠浑圆，枝叶层次感强，叶肥厚入冬转绯红，是较优良的下木，适宜种植在林下、林缘等处，为基础栽植材料及庭园观赏。抗有害气体性强，又是厂矿区的绿化树种。

厚皮香

30. 山茶花（山茶、茶花、曼陀罗树）

Camellia japonica L. 山茶科　山茶属

识别要点：常绿灌木或小乔木，嫩枝无毛。叶倒卵形或椭圆形，长 5～10 cm，表面暗绿而有光泽，缘有细齿。花大，径 5～12 cm，近无柄，子房无毛。叶、花形、花色等多变。花期 2—4 月。

生态习性：喜半阴，喜温暖湿润气候，有一定的耐寒能力。喜肥沃湿润而排水良好的酸性土壤，在整个生长发育过程中需要较多水分，水分不足会引起落花、落蕾、萎蔫等现象。对海潮风有一定的抗性。

山茶花

观赏特性及应用:叶色翠绿,四季常青,花大色艳,品种繁多,花期长久,是著名的观赏花木。宜盆栽观赏或园林点缀。

31. 大叶冬青(苦丁茶)

Ilex latifolia Thunb. 冬青科　冬青属

识别要点:常绿乔木,小枝粗而有纵棱。叶大厚革质,长椭圆形,长 10～20 cm,宽 4.5～7.5 cm,顶端锐尖,基部楔形,边缘有尖锐的锯齿。用火烧下叶表面会在叶面上形成一圈黑晕。花黄绿色,密集簇生于 2 年生枝叶腋,春季开花。果红色,径约 1 cm,秋季成熟。

生态习性:耐阴,不耐寒。萌蘖性强,生长快,病虫害少。

大叶冬青

观赏特性及应用:绿叶红果,颇为美丽,宜用作园林绿化及观赏树种,果枝可作切花花材。

32. 发财树(瓜栗、马拉巴栗、中美木棉)

Pachira macrocarpa Walp. 木棉科　瓜栗属

识别要点:常绿小乔木,掌状复叶互生,具长柄,小叶 5～9 枚,长椭圆形至倒卵状长椭圆形,全缘。蒴果长圆形,长达 10～20 cm,5 瓣裂。花期5—11 月。

生态习性:喜高温高湿气候,耐寒力差,喜肥沃疏松、透气保水的沙壤土,喜酸性土,忌碱性土或黏重土壤,较耐水湿,稍耐旱。

发财树

观赏特性及应用:花大而美丽,果实硕大显眼,四季常青,花果兼赏。可植于庭园观赏,或把数条茎编成辫状盆栽室内观赏。

33. 福木

Garcinia spicata Hook. f. 藤黄科　藤黄属

识别要点:常绿小乔木,单叶对生,广椭圆形至卵状椭圆形,先端圆、微凹或急尖,基部广楔形,硬革质,深绿色,有光泽。果球形,径 2.5～3 cm,光滑,熟时黄色。花期 5—8 月,果期 7—9 月。

生态习性:喜光,耐半阴,喜温暖热湿润气候,耐盐碱;深根性,抗风力强,生长慢,寿命长。

观赏特性及应用:枝叶茂密,叶色亮绿,耐暴风

福木

和浪潮侵袭,根部稳固,适于海岸绿化,在温暖地区可作园林风景林及防风树种。

34. 荔枝

Litchi chinensis Sonn. 无患子科　荔枝属

识别要点:常绿乔木,树皮灰褐色,不裂;小枝圆柱状,褐红色,密生白色皮孔。偶数羽状复叶互生,小叶2～4对,长椭圆状披针形,全缘,表面侧脉不甚明显。果球形或卵形,长3～4.5 cm,外皮有瘤状凸起;种子红褐色,具肉质白色假种皮,5—8月果熟。

生态习性:喜光,喜暖热湿润气候及富含腐殖质之深厚酸性土壤。寿命长。

观赏特性及应用:四季常青,枝叶繁茂,春季满树鲜花,夏秋红果累累。常于庭园或公园绿地点缀,也可盆栽观赏。

荔枝

35. 龙眼(桂圆)

Dimocarpus longan Lour. 无患子科　龙眼属

识别要点:常绿乔木,树皮粗糙,薄片状剥落。多为偶数羽状复叶互生,小叶3～6对,长椭圆状披针形,长6～17 cm,全缘,基部歪斜,表面侧脉明显。果球形,外皮较平滑;种子黑褐色,7—8月果熟。

生态习性:稍耐阴,喜暖热湿润气候。属深根性树种,能在干旱、贫瘠土壤上扎根生长。

观赏特性及应用:枝叶茂密,幼叶紫红色,常于庭园种植。

龙眼

36. 芒果

Mangifera indica L. 漆树科　芒果属

识别要点:常绿乔木,小枝绿色。单叶互生,常聚生枝端,长椭圆状披针形,叶柄基部膨大,新叶紫红色。核果长卵形或椭球形,微扁,长8～15 cm,熟时黄色,5—8月果熟。

生态习性:喜光,喜暖热湿润气候及深厚排水良好的土壤。抗风,抗污染力强。

观赏特性及应用:树冠浓密,嫩叶紫红,可栽作庭荫树和行道树。

芒果

37. 女贞

Ligustrum lucidum Ait. 木樨科　女贞属

识别要点：常绿乔木，树皮灰绿色，平滑不开裂；老枝红褐色，上有白色斑点。单叶卵形至卵状长椭圆形，长6～12 cm，先端尖，革质而有光泽，无毛，侧脉6～8对。圆锥花序顶生，6—7月开花，白色。核果椭球形，蓝黑色，11—12月果熟。

生态习性：稍耐阴，喜温暖湿润气候，有一定耐寒性，抗多种有害气体。萌芽力强，耐修剪，适应范围广。

观赏特性及应用：枝叶茂密，树形整齐，可于庭院孤植或丛植，或作行道树、绿篱等。

女贞

38. 盆架树（盆架子）

Winchia calophylla A. DC. 夹竹桃科　盆架树属

识别要点：常绿乔木，具乳汁；侧枝分层轮生，平展。叶对生或3～4枚轮生，椭圆形至披针形，先端急渐尖，基部楔形，全缘而边略卷；羽状侧脉细密，表面有光泽，薄革质。花冠白色，高脚碟状，端5裂，菁葵果细长。花期4—7月，果期8—11月。

生态习性：喜光，喜高温多湿气候，有一定抗风能力。

观赏特性及应用：枝叶秀丽，树形美观，在华南一些城市已栽作行道树及观赏树。叶、树皮入药。

盆架树

39. 枇杷

Eriobotrya japonica (Thunb.) Lindl.

蔷薇科　枇杷属

识别要点：常绿小乔木，小枝、叶背及花序均密生锈色绒毛。单叶互生，革质，长椭圆状倒披针形，先端尖，基部渐狭并全缘，中上部疏生浅齿，表面羽状脉凹入。果近球形，橙黄色。

生态习性：喜温暖湿润气候，稍耐阴，不耐寒，喜肥沃湿润而排水良好的中性或酸性土。

观赏特性及应用：树形整齐美观，叶大荫浓，春萌新叶白毛茸茸，秋孕冬花，夏果金黄，是南方著名水果之一，也常于庭园栽植观赏。

枇杷

40. 秋枫

Bischofia javanica Bl. 大戟科　重阳木属

识别要点:常绿或半常绿乔木,树皮褐红色,光滑。三出复叶互生,小叶卵形或长椭圆形,先端渐尖,基部楔形,缘具粗钝锯齿。花期3—4月,果期9—10月。

生态习性:喜光,耐水湿,不耐寒,抗风力强,在湿润肥沃壤土上生长快速。

观赏特性及应用:秋叶红色,美丽如枫,故名。宜作庭荫树、行道树及堤岸树。材质优良,坚硬耐用,深红褐色。

秋枫

41. 猴欢喜

Sloanea sinensis (Hance) Hemsl. 杜英科　猴欢喜属

识别要点:常绿乔木,叶互生,倒卵状椭圆形,边缘中上部有锯齿,背面无毛,常年可见树冠中有零星红叶。花下垂,花瓣4,白色,顶端浅裂,簇生枝端叶腋。蒴果木质,径3~5 cm,5~6裂,密生刺毛,熟时鲜红色。花期5—6月,果熟期10月。

生态习性:中性偏阴性树种,喜温暖湿润气候及深厚、肥沃排水良好的酸性或偏酸性土壤,生长较快。

猴欢喜

观赏特性及应用:树冠浓绿,果实色艳形美,宜作庭园观赏树。果实外的刺毛红色美丽,可植于庭园观赏。

42. 水石榕(海南杜英、水柳树)

Elaeocarpus hainanensis Oliv. 杜英科　杜英属

识别要点:常绿小乔木,枝条无毛。叶聚生枝顶端,狭披针形或倒披针形,叶柄长1~2 cm,两端尖,缘有细锯齿。花下垂,径3~4 cm,花瓣5,白色,先端流苏状,花梗长约4 cm;数朵组成短总状花序,有明显之叶状苞片。核果窄纺锤形,长3~4 cm。花期6—7月,秋季果熟。

生态习性:喜半阴,喜暖热气候。深根性,抗风力较强,不耐寒,不耐干旱,喜湿但不耐积水,多生于山谷阴湿。

观赏特性及应用:枝叶茂密,花大洁白美丽,

水石榕

在华南可植于庭园观赏。宜于草坪、坡地、林缘、庭前、路口丛植,也可栽作其他花木的背景树。

43. 王棕

Roystonea regia(HBK)O. F. Cook 棕榈科　王棕属

识别要点:常绿乔木,茎干直立,不分枝,灰色、光滑。幼时基部膨大,后渐中下部膨大环,形叶痕略可见。羽状复叶聚生干端,长达 3.5 m,小叶互生,条状披针形,通常排成 4 列,基部外折;叶鞘包干,形成绿色光滑的冠茎。花序长 60 cm。

生态习性:喜高温多湿和阳光充足,土质不拘,很不耐寒(最低温度 6～18℃);对土壤适应性强,但以疏松、湿润、排水良好,土层深厚,富含机质的肥沃冲积土或黏壤土最为理想。

王棕

观赏特性及应用:树形雄伟、奇特,茎干两头细中间粗,像花瓶,是世界著名的热带风光树种,多栽作行道树及园林风景树。

44. 鱼尾葵(长穗鱼尾葵)

Caryota ochlandra Hance 棕榈科　鱼尾葵属

识别要点:常绿乔木,单干直立,具环状叶痕。叶大型,二回羽状复叶,聚生干端,小叶鱼尾状半菱形,基部楔形,上部边缘有不规则缺刻。圆锥状肉穗花序,长 1.5～3 m。浆果熟时淡红色。

生态习性:耐阴,茎干忌曝晒,喜暖热湿润气候及酸性土壤,抗风,抗大气污染。

观赏特性及应用:茎干挺直,叶片翠绿,花色鲜黄,果实如圆珠成串。适于栽培于园林、庭院中观赏,也可盆栽作室内装饰用。

鱼尾葵

45. 短穗鱼尾葵

Caryota mitis Lour. 棕榈科　鱼尾葵属

识别要点:与鱼尾葵甚相似,重要区别点是:植株较矮,高达 5～9 m;树干常丛生,基部有吸枝;小叶较小,叶柄具黑褐色秕糠状鳞片;花序较短,长约 60 cm;果熟时蓝黑色。

生态习性:喜光,也耐阴,对土壤要求不严,抗风、抗污染力强,生长快。

短穗鱼尾葵

观赏特性及应用:植株丛生状生长,树形丰满且富层次感,叶形奇特,叶色浓绿,果序有果数百粒,下垂于干上,如将军勋绶,极为壮丽,为室内绿化装饰的主要观叶树种之一;也可作行道树,水滨绿化及点缀草坪。

46. 棕榈

Trachycarpus fortunei (Hook. f.) H. Wendl.

棕榈科　棕榈属

识别要点:常绿乔木,茎圆柱形,径 50～80 cm,不分枝,具纤维网状叶鞘。也簇生茎端,掌状深裂至中部以下,裂片较硬直,但先端常下垂,叶柄两边有细齿。

生态习性:性喜温暖湿润的气候,耐寒性极强,成品极耐旱,唯不能抵受太大的日夜温差。栽培土壤要求排水良好、肥沃。

观赏特性及应用:树势挺拔,叶色葱茏,叶鞘为扇子形,以其特有的形态特征构成了热带植物部分特有的景观,适于四季观赏,常栽于庭院、路边及花坛之中,是城乡绿化及园林结合生产的好树种。

棕榈

47. 假槟榔(亚历山大椰子)

Archontophoenix alexandrae H. Wendl. et Drude

棕榈科　假槟榔属

识别要点:乔木,幼时绿色,老则灰白色,光滑而有梯形环纹,基部略膨大。羽状复叶簇生干端,小叶排成二列,条状披针形,背面灰白色鳞秕状覆被物,侧脉及中脉明显;叶鞘筒状包干,绿色光滑。花单性同株,花序生于叶丛之下。

生态习性:喜光,喜高温多湿气候,不耐寒,抗风,抗大气污染。

观赏特性及应用:植株高达,茎干通直,叶冠广展如伞,树姿秀雅,是著名热带风光树种,常栽作庭园风景树或行道树。

假槟榔

3.3 落叶灌木类

1. 紫玉兰（木笔、辛夷）

Magnolia liliiflora Desr 木兰科　木兰属

识别要点：落叶灌木，小枝淡褐紫色。单叶互生，叶椭圆状倒卵形或倒卵形，先端急尖或渐尖。花瓶形，直立于粗壮、被毛的花梗上，稍有香气，外面紫色或紫红色，内面带白色。花期3—4月。

生态习性：喜光，不耐阴；较耐寒，不耐旱，不耐盐碱，怕水淹，要求肥沃、湿润、排水良好的土壤；根系发达，萌蘖力强。

观赏特性及应用：树形婀娜，枝繁花茂，早春开花时花蕾形如笔头，满树紫红花朵，艳丽怡人，芳香淡雅。可孤植、丛植、群植，是优良的庭园、街道绿化植物。

紫玉兰

2. 腊梅（蜡梅、黄梅花）

Chimonanthus praecox（L.）Link.

腊梅科　腊梅属

识别要点：落叶灌木。小枝近方形。单叶对生，叶半革质，卵状椭圆形，全缘，半革质，手摸有粗糙感。花单生叶腋，蜡质黄色，浓香。花期12月至次年3月，先叶开放。

生态习性：喜光，较耐寒，耐干旱，不耐水湿。喜深厚、排水良好的中性或微酸性沙质土壤。萌蘖力强，耐修剪。对氯气、二氧化硫等有毒气体抗性强。

腊梅

观赏特性及应用：冬至早春花黄如蜡，清香四溢。可孤植、对植、丛植，常与南天竹配植，于隆冬时呈现红果、黄花、绿叶的景观，也是盆景、桩景和切花材料，还可用于厂矿绿化。

3. 李叶绣线菊(笑靥花)

Spiraea prunifolia Sieb. et Zucc.

蔷薇科　绣线菊属

识别要点：落叶灌木，叶小，卵形至长圆状披针形，叶缘中部以上有锐锯齿，叶背有细短柔毛或光滑。3～6朵花组成伞形花序，无总梗，花白色、重瓣，中心微凹如笑靥，花梗细长。花期4—5月。

生态习性：喜光，稍耐阴，耐寒，耐旱，耐瘠薄，亦耐湿，对土壤要求不严，在肥沃湿润土壤中生长最为茂盛。萌蘖性强，耐修剪。

李叶绣线菊

观赏特性及应用：春天展花，色洁白，繁密似雪，如笑靥。丛植于池畔、山坡、路旁或树丛之边缘，亦可成片群植于草坪及建筑物角隅等处。

4. 麻叶绣线菊(麻叶绣球、麻球)

Spiraea cantoniensis Lour. 蔷薇科　绣线菊属

识别要点：落叶灌木，小枝细弱，呈拱形弯曲。叶片菱状披针形，叶基楔形，先端急尖，两面无毛。花序伞形总状，花色洁白。花期4—5月。

生态习性：喜光，也耐阴、耐干旱瘠薄，不耐寒，怕涝，喜湿润、肥沃、排水良好的微碱性土壤。

观赏特性及应用：枝叶密生，花洁白秀丽，姿态优美。可植于草坪、路边、斜坡、池畔，也可单株或数株点缀花坛，或作基础种植。

麻叶绣线菊

5. 麦李

Prunus glandulosa (Thumb.)Lois. 蔷薇科　梅属

识别要点：落叶灌木。叶互生，椭圆形状披针形至卵状披针形，先端尖，缘有细钝齿。花粉红或近白色。果近球形红色。花期4月，先叶开放或与叶同放。

生态习性：喜光，喜温暖，耐高温，有一定耐寒性，适应性强。分株或嫁接繁殖。

观赏特性及应用：早春花团簇锦，清丽壮观，常栽培于草坪、路边、假山旁及林缘丛栽，也可作基础栽植、盆栽或催花、切花材料。

麦李

6. 贴梗海棠

Chaenomeles speciosa(Sweet)Nakai.

蔷薇科　木瓜属

识别要点：落叶灌木，小枝无毛，有枝刺。单叶互生，长卵形至椭圆形，叶缘锯齿，托叶明显。花簇生，花梗短或近无梗，红色、粉红色、淡红色或白色。果卵形至球形。花期 3—4 月，果期 10 月。

生态习性：喜光，较耐寒，耐瘠薄，不耐水淹，喜肥沃、深厚、排水良好的土壤。分株、扦插繁殖。

贴梗海棠

观赏特性及应用：花大艳丽，果大清香，是良好的观花、观果花木。丛植于庭院、墙隅、路边、池畔，也可作基础种植，还可供作绿篱及盆景材料。

7. 木芙蓉（芙蓉花）

Hibiscus mutabilis Linn. 锦葵科　木槿属

识别要点：落叶灌木，丛生，树冠球形。小枝密生星状毛。单叶互生，卵圆状心形，掌状 3～5 裂或 7 裂，边缘钝锯齿，两面具星状毛。花大，单生枝端叶腋，花色有红、白、黄等色。蒴果扁球形，密被黄色毛。花期 9—11 月。

生态习性：喜光，略耐阴，喜温暖湿润的气候，不耐寒，不耐干旱，耐水湿。在肥沃临水地生长最盛。对二氧化硫抗性特强，对氯气、氯化氢有一定抗性。

木芙蓉

观赏特性及应用：晚秋开花，花大色艳。最宜植于池边、湖畔，可丛植于庭园、坡地、墙边、路旁、林缘及建筑物周围，可在铁路、公路、沟渠边种植，也可作花篱，或供工矿区绿化。

8. 木槿（白饭花、木锦、朱槿）

Hibiscus syriacus L. 锦葵科　木槿属

识别要点：落叶灌木，茎直立，多分枝，小枝为灰褐色，幼时被绒毛，后渐脱落。单叶互生，菱状卵形，常 3 裂，叶缘具粗齿或缺刻，光滑无毛，具 3 主脉。花单生叶腋，具短柄，花色有浅蓝、粉红、红、白、黄等色；钟状花形，有单瓣、复瓣、重瓣之分，朝开暮谢。蒴果卵圆形，被黄色绒毛。花期 6—9 月。

生态习性：喜光，耐半阴。喜温暖湿润的气候，较耐寒，耐干旱瘠薄土壤。耐烟尘，对有毒气体具

木槿

有较强的抗性,萌蘖性强,耐修剪,易整形。

观赏特性及应用:夏秋开花,花期长达 4 个多月,花朵满树,娇艳夺目,甚为壮观。可作为庭园中的花篱、绿篱栽培,也可丛植、群植于庭园、林缘、路旁、草坪边缘,点缀于建筑物旁、墙边、水滨。适于工矿企业、街道绿化。

9. 红叶乌桕(俏黄栌、紫锦木)

Euphorbia cotinifolia L. 大戟科　乌桕属

识别要点:落叶灌木,树冠圆球形,有乳汁。枝叶暗紫红色。单叶,常 3 叶轮生,纸质,菱状广卵形,全缘,光滑无毛;叶柄细长,顶端有 2 腺体。花序伞状,顶生,黄绿色。蒴果 3 棱状球形。花期 5—7 月。

生态习性:喜光,喜温暖气候及深厚肥沃而水分丰富的土壤。较耐寒,并有一定的耐旱、耐水湿及抗风能力。

红叶乌桕

观赏特性及应用:树冠整齐,叶形秀丽,入秋叶色红艳可爱,冬日白色的乌桕籽挂满枝头,经久不凋,也颇美观。可作护堤树、庭荫树及行道树,也可种植于水边、池畔、坡谷、草坪,还可与亭廊、花墙、山石等搭配。

10. 日本小檗(小檗)

Berberis thunbergii DC. 小檗科　小檗属

识别要点:落叶灌木,多分枝,枝条广展,幼枝紫红色,老枝灰紫褐色有槽。刺细小,少分叉。叶片膜质,常簇生于刺腋,菱状卵形,表面暗绿色光滑,背面灰绿色有白粉。伞形花序族生状,花黄色。浆果红色,花柱宿存。花期 4—5 月。

生态习性:喜光,略耐阴。耐旱,耐瘠薄,耐修剪,亦耐寒。喜温暖湿润气候,及深厚肥沃排水良好的土壤,萌芽力强。分株、播种或扦插繁殖。

观赏特性及应用:叶小圆形,入秋变黄,春天黄花簇簇,秋日红果满枝,终年叶色紫红。宜丛植草坪、池畔、岩石旁、墙隔、树下,可观果、观花、观叶,是植花篱、点缀山石的好材料,还可盆栽观赏。

日本小檗

11. 一品红(圣诞花、猩猩花)

Euphorbia pulcherrima Willd. 大戟科　大戟属

识别要点:落叶灌木,茎干有白色乳汁,叶片呈卵状椭圆或宽披针形,有时呈提琴形,顶部叶片较窄,全缘。花序聚伞状,顶生,靠近花序的苞片呈猩红色,每苞叶有腺体 1~2 枚,形大且色黄。蒴果。花期 12 月至翌年 2 月。

生态习性:性喜温暖、湿润和充足光照,不耐低温,忌积水。

一品红

观赏特性及应用:在圣诞、元旦、春节开花,苞叶鲜艳,观赏期长,可盆栽于阳台、客厅、办公室、会议室等处绿化,点缀草坪,是重要的节日花坛花卉。

12. 迎春(金腰带)

Jasminum nudiflorum Lindl. 木樨科　素馨属

识别要点:落叶灌木,小枝细长拱形,绿色,四棱形。三出复叶对生,小叶卵状椭圆形,全缘,有短毛。花单生叶腋,黄色,先叶开放。通常不结果。花期 2—4 月。

生态习性:喜光,稍耐阴,较耐寒,耐旱,不耐水涝。喜温暖湿润的环境,在排水良好的中性沙质壤土上生长最好。浅根性,萌蘖性强。

迎春

观赏特性及应用:枝条拱曲柔软,形如腰带,冬季绿枝婆娑,早春黄花满枝,花色端庄秀丽。宜植于路边、堤边、岩际、山坡、岸边、悬崖及草坪边缘,或作花篱及地被植物,护坡固堤,作水土保持树种。

13. 桢桐(臭牡丹,状元红)

Clerodendrum japonicum (Thunb.)Sweet.
马鞭草科　桢桐属

识别要点:落叶灌木。叶对生,广卵形,搓揉有臭气,先端尖,基部心形,边缘有细锯齿。花红色,有芳香,为顶生密集的头状聚伞花序。核果,外围有宿存的花萼。花期 7—8 月。

生态习性:喜光,稍耐阴,较耐旱。喜温暖湿润气候及肥沃、排水良好的沙质土壤。分株、扦插或播种繁殖。

桢桐

观赏特性及应用：主干通直，叶片宽大，花红似火，可供林下片植、草地丛植，或盆栽，或作花坛材料。

14. 紫荆（满条红）

Cercis chinensis Bunge. 苏木科　紫荆属

识别要点：落叶灌木，枝干灰色。单叶互生，叶片近圆形，基部心形，全缘，光泽无毛，掌状脉 5 出，叶柄红褐色。花 4～10 朵簇生于老枝上，紫红色。荚果扁平。花期 4 月，先花后叶。

生态习性：喜温暖及阳光充足环境，稍耐阴。适应性强，耐寒耐旱，不耐水湿，对土质要求不高。深根性，萌蘖性强，耐修剪。对氯气有一定抗性，滞尘能力强。播种繁殖。

观赏特性及应用：早春先花后叶，花繁满树，艳

紫荆

丽可爱。宜丛植于庭园、窗前、墙角、建筑物周围及草坪边缘，亦可作花篱，还可散植于常绿树前，或可列植于建筑物旁或游路两侧。适合城市及厂矿绿化。

15. 八仙花（绣球、紫绣球）

Hydrangea macrophylla（Thunb.）Seringe
虎耳草科　八仙花属

识别要点：落叶灌木，老枝粗壮，皮孔明显。单叶对生，有光泽，椭圆形或倒卵形，缘具钝锯齿。伞房花序顶生，球状，有总梗。中央为可孕的两性花，呈扁平状；外缘为不孕花，花瓣状，每朵具有扩大的萼片四枚，初开为青白色，渐转粉红、紫红色。花期 4—7 月。

八仙花

生态习性：喜半阴环境，不耐寒，不耐干旱，亦忌水涝；适宜在疏松、肥沃和排水良好的沙质壤土中生长。

观赏特性及应用：花洁白丰满，大而美丽，花色能红能蓝，是一种既适宜庭院栽培，又适合盆栽观赏的理想花木。可列植、片植、群植。

3.4　常绿灌木类

1. 含笑（香蕉花、含笑梅、笑梅）

Michelia figo（Lour.）Spreng　木兰科　含笑属

识别要点:常绿灌木或小乔木。分枝多而紧密,嫩枝和叶柄密被褐色绒毛。单叶互生,全缘,椭圆形,叶柄短。花单生叶腋,花瓣 6 枚,肉质淡黄色,边缘常带紫晕,有香蕉的气味。花期 3—4 月。果卵圆形,9 月果熟。

生态习性:性喜温湿,不甚耐寒,长江以南背风向阳处能露地越冬。夏季炎热时宜半阴环境,不耐烈日曝晒,其他时间最好置于阳光充足的地方。不耐干燥瘠薄,但也怕积水,要求排水良好,肥沃的微酸性壤土、中性土壤也能适应。

观赏特性及应用:枝叶繁茂,四季常青,花形优美,花香浓郁,花期长。适宜中型盆栽,陈设于室内或阳台、庭院等较大空间内。因其香味浓烈,不宜陈设于小空间内。亦可成丛种植于小游园、花园、公园或街道上,或配植于草坪边缘或稀疏林丛之下。

含笑

2. 火棘（火把果）

Pyracantha fortuneana（Maxim.）L.

蔷薇科　火棘属

识别要点:侧枝短刺状;叶倒卵形,长 1.6～6 cm。复伞房花序,有花 10～22 朵,花直径 1 cm,白色;花瓣数为 5,雄蕊数为 20,雌蕊数为 1;花期 3～4 月。果近球形,直径 8～10 mm,成穗状,每穗有果 10～20 个,橘红色至深红色。

生态习性:喜强光,耐贫瘠,抗干旱。黄河以南露地种植,华北需盆栽,塑料棚或低温温室越冬,温度可低至 0℃。

观赏特性及应用:枝叶细密,树形优美,夏有繁花,秋有红果,果实存留枝头甚久,9 月底开始变红,一直可保持到春节。是一种极好的春季看花、冬季观果植物。在庭院中作绿篱以及园林造景材料,在路边可以用作绿篱,可美化、绿化环境。

火棘

3. 月季花(蔷薇花、玫瑰花、月月红)

Rosa chinenses Jacq. 蔷薇科　蔷薇属

月季花

形态特征:常绿或半常绿灌木,直立、蔓生或攀缘,多有皮刺。奇数羽状复叶,小叶 3~5 枚,有锯齿,托叶与叶柄合生。花单生枝顶,伞房、复伞房及圆锥花序;萼片 5 枚,羽裂向下反卷,花瓣 5,栽培品种多重瓣;花色红、粉红、白、黄等。盛花期 5—10 月。

生态习性:广泛分布在北半球寒温带至亚热带,各地广栽。喜温暖湿润、光照充足的环境。喜富含有机质、疏松透气、排水良好的微酸性沙质壤土。生长环境要通气良好,无污染,忌阴湿。

观赏特性及应用:花形美观,花色丰富,有"花中皇后"之美誉,是世界四大切花之一,也是我国十大名花之一。攀缘月季和蔓生月季枝密叶茂,花葩烂漫,多用于拱门、花篱、花柱、围栅、墙壁、棚架的绿化美化;大花月季、壮花月季、现代灌木月季及地被月季花开四季,色香俱备,无处不宜,多用于园林绿地,孤植或丛植于路旁、草地边、林缘、花台或天井中,也可作为庭院美化的良好材料;聚花月季和微型月季等更适于作盆花观赏。现代月季品种多,枝长,高产,形美,芳香,最适于切花,特别芳香的种类专供采花提炼昂贵的玫瑰油或糖渍食用,也用来制作茶叶。

主要栽培品种:月季按来源及亲缘关系分为自然种月季花、古典月季花、现代月季花三类,类下再分种、系或品种,如食用玫瑰、藤本月季(CI 系)、大花香水月季(切花月季主要为大花香水月季)(HT 系)、丰花月季(聚花月季)(F/FI 系)、微型月季(Min 系)、树状月季、壮花月季(Gr 系)、灌木月季(sh 系)、地被月季(Gc 系)等。

4. 美蕊花(苏里南朱缨花、红绒球)

Calliandra haematocephala Hassk.

含羞草科　朱缨花属

美蕊花

识别要点:常绿小乔木或呈灌木状。小枝灰白色,密被褐色小皮孔,无毛。叶柄及羽片轴被柔毛。头状花序,花丝淡红色,下端白色,酷似一团绒球。花期 8—12 月。

生态习性:阳性植物,需强光。生育适温:23~30℃。生长速度中至快。喜爱多肥,耐热,耐旱,不耐阴,耐剪,易移植。冬季休眠期会落叶或半落叶。

观赏特性及应用:花形雅致,人见人爱。适于大型盆栽或深大花槽栽植、修剪整形。庭园、校园、公园单植、列植、群植,开花能诱蝶。

5. 八角金盘（手树、金刚纂）

Fatsia japonica（Thunb）Dene. et Planch.

五加科　八角金盘属

识别要点：常绿灌木，单叶掌状 7～9 裂，基部心形或截形，裂片卵状长椭圆形，缘有齿，表面有光泽。伞形花序集生成顶生圆锥花序，花白色。浆果黑色。花期 10—11 月。

生态习性：喜温暖湿润环境，耐阴性强，也较耐寒；喜湿怕旱，适宜生长于肥沃疏松而排水良好的土壤中。萌蘖力尚强。

观赏特性及应用：叶形如掌，四季青翠，枝叶繁茂，耐阴性强。花小色白，花期甚长，花后果实累累，此起彼落，甚为壮观。适用于庭院、公园阴处地被，也可盆栽放置于室内观赏。

八角金盘

6. 手树（鹅掌柴、鸭脚木）

Schefflera octophylla（Lour.）Harms

五加科　鹅掌柴属

识别要点：常绿大乔木或灌木，分枝多，枝条紧密。掌状复叶，小叶 5～9 枚，椭圆形、卵状椭圆形，长 9～17 cm，宽 3～5 cm，端有长尖；叶革质、浓绿，有光泽。花小，多数白色，有香气，花期冬春。浆果球形，果期 12 月至翌年 1 月。

生态习性：鹅掌柴喜半阴，在明亮且通风良好的家内可较长时间观赏。鹅掌柴生长较慢，又易萌发徒长枝，平时需经常整形修剪。

黄绿鹅掌柴

观赏特性及应用：株形丰满优美，适应能力强，是优良的盆栽植物。适宜布置客厅书房及卧室，春、夏、秋可放在庭院庇荫处和楼房阳台上观赏；也可庭院孤植，是南方冬季的蜜源植物。叶和树皮可入药。

主要栽培品种：

①黄绿鹅掌柴：叶片黄绿色。亨利鹅掌柴：叶片大而杂有黄斑点。

②鹅掌藤：常绿灌木，小叶 7～9 枚，长圆形，全缘；产于海南、台湾、广西。

③放射叶鹅掌柴：常绿乔木，掌状复叶，小叶 5～8 枚，有光泽，有明显脉纹；产于澳大利亚。

④短序鹅掌柴：灌木，小叶 5～11 枚，先端尾尖，有时呈镰刀状；产于云南、贵州、四川及湖北。

⑤台湾鹅掌柴：常绿小乔木，掌状叶，小叶 4～7 枚，先端尾尖，全缘，有叶柄。

7. 红花檵木（红桎木、红檵花）

Lorpetalum chindense var. rubrum

金缕梅科　檵木属

红花檵木

识别要点：常绿灌木或小乔木，枝被暗红色星状毛。单叶互生，革质，卵圆形，全缘，嫩叶淡红色，老叶暗红色。花4～8朵簇生于总状花梗上，呈顶生头状或短穗状花序；花瓣4枚，淡紫红色，带状线形。蒴果倒卵圆形，种子黑色，光亮。花期4—5月。

生态习性：喜光，稍耐阴，但阴时叶色容易变绿。适应性强，耐旱。喜温暖，耐寒冷。萌芽力和发枝力强，耐修剪。耐瘠薄，但适宜在肥沃、湿润的微酸性土壤中生长。

观赏特性及应用：枝繁叶茂，树态多姿，木质柔韧，耐修剪蟠扎，是制作树桩盆景的好材料，也可作花坛点缀或绿篱种植。

主要栽培品种：可划分为3大类、15个型、41个品种。

①嫩叶红（俗称单面红）：第三代红花檵木，属早期栽培类型。叶片中等大，新叶紫红色，老叶常年绿色，叶面被毛多，光泽度差。分为长叶青、圆叶青、尖叶青、细叶青4个型，又据花色、花瓣形态等特征划分出9个品种。该类花、叶观赏性较差，但生态适应性强，尤其是抗高温、耐寒、耐瘠薄能力强，可作为品种选育的原始材料。

②透骨红（俗称第四代红花檵木）：叶片小，新叶紫红色，老叶正面黑绿间紫色，背面粉绿间紫红色，叶面毛被较少，有光泽。夏季红叶返青期长。分枝密，新梢韧皮部及木质部均为紫红色。须根紫红色。每年开花3～4次，全年花期105～130 d。分长叶透骨红、密枝透骨红、疏枝透骨红、细叶透骨红、斑叶透骨红、冬艳透骨红、伏地透骨红7个型。又据花色、花瓣形态等特征划分出25个品种。该类品种花期最长，花形丰富，花色最艳，分枝密，易造型，可用于营造色雕、中小型灌木球。细叶紫红和细叶亮红两个品种特别适宜培育微型盆景和嫁接培育大型树桩。冬艳透骨红型是唯一在冬季开花的品种，观赏价值很高。

③双面红（俗称大叶红，第五代红花檵木）：叶最大，长3～9 cm，宽1.5～5 cm，新叶紫红色，老叶正面紫黑色，背面紫红色，叶面毛被少，红亮光润。夏季红叶返青期短。须根紫黑色。每年开花3次，全年花期78～95 d。分为大叶红、尖叶红、伏地红、翘叶红4个型。又据花色、花瓣形态等明显特征划分出7个品种。该类品种叶片大而红润，观赏价值很高。

雀舌黄杨

8. 雀舌黄杨（细叶黄杨）

Buxus harlandii Levl. 黄杨科　黄杨属

识别要点：常绿小灌木，高通常不及1 m。分枝多而密集。叶较狭长，倒披针形或倒卵状长椭圆形，长2～4 cm，先端钝圆或微凹；革质，有光泽，两面中肋及侧脉均明显隆起;叶柄极短。花小,黄绿色,密集短穗状花序。蒴果卵圆形,顶端具3宿存之角状花柱,熟时紫黄色。花期 4 月,果 7 月成熟。

生态习性:喜光,亦耐阴,喜温暖湿润气候,耐寒性不强。浅根性,萌蘖力强,生长极慢。枝叶繁茂,叶形别致,四季常青,常用于绿篱、花坛和盆栽,修剪成各种形状,是点缀小庭院和入口处的好材料。

9. 瓜子黄杨(黄杨、千年矮)

Buxus sinica (Rehd. et Wils.)Cheng
黄杨科　黄杨属

识别要点:常绿灌木或小乔木。树干灰白光洁,枝密生,四棱形。单叶对生,革质,全缘,椭圆或倒卵形,先端圆或微凹,表面亮绿色,背面黄绿色。花簇生叶腋或枝端,黄绿色。花期 4—5 月。

生态习性:喜半阴,适生于肥沃、疏松、湿润之地,酸性土、中性土或微碱性土均能适应。萌生性强,耐修剪。播种或扦插繁殖。

观赏特性及应用:枝叶浓密,叶小如豆瓣,质厚而光泽,四季常青,姿态优美,春季嫩叶初发,满树嫩绿,十分悦目。是制作盆景的珍贵树种,可终年观赏。

瓜子黄杨

10. 黄金榕(黄叶榕、黄心榕)

Ficus microcarpa cv. GoldenLeaves 桑科　榕属

识别要点:常绿灌木,单叶互生,叶椭圆或倒卵形,叶表光滑,全缘,叶面光泽,嫩叶呈金黄色,老叶则为深绿色。球形的隐头花序中有雄花及雌花聚生。

生态习性:喜光,耐阴,喜温暖湿润的气候及酸性土壤,耐涝,抗污染能力强,耐剪,易移植。

观赏特性及应用:树性强健,叶色金黄亮丽,适作行道树、园景树、绿篱树或修剪造型,也可构成图案、文字。庭园、校园、公园、游乐区、庙宇等处,均可单植、列植、群植或利用其强调色彩变化。

黄金榕

11. 海桐

Pittosporum tobira (Thunb.)Ait. 海桐科　海桐属

识别要点:常绿灌木或小乔木,嫩枝被褐色毛。叶互生,革质,倒卵形或狭倒卵形,全缘,先端圆或钝,基部楔形。伞形花序顶生,有毛。花有香气,花瓣5,雄蕊5。初开时白色,后变黄。子房有毛,蒴果球形。

生态习性:对气候的适应性较强,能耐寒冷,亦颇耐暑热。黄河流域以南,可在露地安全越冬。

观赏特性及应用:枝叶繁茂,四季常青,株形圆整,花味芳香,种子红色,色彩艳丽,抗二氧化硫等有害气体。多供基础种植和绿篱,用于花坛造景或海滨地区造园绿化,也适宜盆栽布置展厅、会场、主席台等处以供观叶、观果,还用于工矿区种植。

主要栽培品种:光叶海桐:种子橙黄色,叶光亮。花叶海桐:叶色灰绿,叶缘有灰白色花斑。

海桐

12. 彩叶扶桑(锦叶扶桑)

Hibiscus rosa-sinensis cv. Cooperi.

锦葵科　木槿属

识别要点:落叶或常绿灌木,小枝赤红色。叶长卵形或卷曲缺裂,叶片有白、红、淡红、黄、淡绿等不规则斑纹。花小,朱红色。花期长,蒴果卵圆形。

生态习性:喜强光,喜温暖湿润的气候,不耐寒。对土壤适应力强,在肥沃而且排水良好的微酸性土壤中开花较大。

观赏特性及应用:鲜艳夺目的花朵朝开暮萎,姹紫嫣红,可散植于池畔、亭前、道旁和墙边,盆栽适用于客厅等处摆设。

彩叶扶桑

13. 福建茶(基及树)

Carmona microphylla L. 紫草科　基及树属

识别要点:常绿灌木,多分枝。叶在长枝上互生,在短枝上簇生,革质,倒卵形或匙状倒卵形,两面均粗糙,上面常有白色小斑点。春、夏开白色小花,花期较长,通常2～6朵排成疏松的聚伞花序,花径约1 cm。果实圆,亦有近三角形者,初绿后红。

生态习性:性喜温暖和湿润的气候,怕寒冷,在充足的阳光下生长健壮良好,宜栽植于肥沃而疏松的土壤中。以扦插繁殖,枝插、根插均可,极易成活。

观赏特性及应用:植株低矮,分枝繁茂,叶厚而浓绿,枝干可塑性强,花小色白,花期长,春花夏果,

福建茶

夏花秋果,形成绿叶白花、绿果红果相映衬。萌芽力强,耐修剪,常作绿篱和地被种植,也可配置庭园中观赏,是我国岭南派盆景的主要品种之一。

14. 红桑(铁苋菜、血见愁)

Acalypha wilkesiana Muell. Arg. 大戟科　铁苋菜属

识别要点:常绿灌木,分枝多。叶宽大,互生,边缘有锯齿,椭圆状披针形,顶端渐尖,基部楔形,两面有疏毛或无毛,叶脉基部 3 出;叶柄长,叶紫红色,间有古铜色。花序腋生,有叶状肾形苞片 1～3,不分裂,合对如蚌;雄花萼 4 裂,雄蕊 8;雌花序生于苞片内。蒴果钝三棱形,淡褐色,有毛。种子黑色。花期 5～7 月,果期 7～11 月。

生态习性:较典型的热带树种,喜高温多湿,抗寒力低,不耐霜冻。

红桑

观赏特性及应用:枝叶繁茂,四季常青,冠形饱满,叶色艳丽,可修整为圆球形、长椭圆形,或矮化铺地为半圆形,古朴凝重,端庄典雅,深受人爱。多用于花坛点缀和绿篱、色块配置种植。

15. 变叶木(洒金榕)

Codiaeum variegatum var. pictum 大戟科　变叶木属

识别要点:常绿灌木至小乔木。株高 1～2 m,全株光滑无毛,具乳汁。单叶互生,厚革质;叶色、叶形、大小及着生状态变化极大,甚为奇特。总状花序自上部叶腋生出,花小,白色,单性。

生态习性:原产马来西亚及太平洋群岛,中国华南地区露地栽培。喜温暖、湿润,不耐寒;喜强光,不耐阴;宜肥沃、保水好的土壤。

变叶木

观赏特性及应用:颜色丰富,形状多变,色彩美,姿态秀,深受人们喜爱,不是鲜花,胜似鲜花。可丛植或片植,用于公园和庭院美化;也可作盆栽,陈设于厅堂、会议厅、宾馆酒楼及卧室、书房的案头、茶几上,展现异域风情。其枝叶是理想的插花配叶。

主要栽培品种:园艺品系很多,依叶色有绿、黄、红、紫、青铜、褐及黑色等深浅不一的品种。依叶形可分为八个变型:

(1)宽叶类(f. platyphyllum):叶宽可达 10 cm,卵形或倒卵形,浓绿色,具鲜黄色斑点。

(2)细叶类(f. taeniosum):叶带状,宽仅约 1 cm,极细长,叶色深绿,上有黄色斑点。

(3)长叶类(f. ambiguum):叶长达 50～60 cm,叶片呈披针形,绿色叶片上有黄色斑纹。

(4)扭叶类(f. crispum):叶片波浪起伏,叶缘呈不规则扭曲与旋卷,铜绿色,中脉红色,叶面带黄色斑点。

　　(5)角叶类(f. cornutum)：叶片细长，叶片先端有一翘角。

　　(6)戟叶类(f. lobatum)：叶片戟形。

　　(7)飞叶类(f. appendiculatum)：形似单身复叶，叶片中部收缢，仅留有中脉连接上下部分。

16. 夏鹃(紫鹃、西洋鹃、皋月杜鹃)

Rhododendron simsii & *R.* spp. 杜鹃花科　杜鹃花属

　　识别要点：常绿灌木，发枝在先，开花最晚，一般在 5 月下旬至 6 月。枝叶纤细，分枝稠密，树冠丰富、整齐，叶片排列紧密，花径 6～8 cm，花色、花瓣丰富多彩。

　　生态习性：耐寒怕热，要求土壤肥沃偏酸性，疏松通透。

　　观赏特性及应用：四季绿色，四季开花，有黄、红、白、紫四色奇观，四季栽培，美化环境。可以盆栽，也可以在庇荫条件下地栽。阳台栽培的夏鹃树应修剪整理为球形，其形秀丽美观；庭院栽培的夏鹃树应剪整为伞形，其形增添乐趣美景。

夏鹃

　　主要栽培品种：传统品种有长华、大红袍、五宝绿珠、紫辰殿等。其中五宝绿珠花中有一小花，呈台阁状，是杜鹃花中重瓣程度最高的一种。

17. 小叶赤楠(轮叶赤楠、小叶赤兰)

Syzygium buxifolium Hook. & Arn.
桃金娘科　赤楠属

　　识别要点：常绿灌木，枝丛生，新芽为淡红色至红色。单叶对生或轮生，革质，呈椭圆形或倒卵形；叶柄短，叶前端呈钝状或凹头形，侧脉密致而且平行。顶生聚伞或圆锥状花序 3～5 朵排列，雄蕊多数，梗长约 0.2 cm，萼筒钟形，裂片 4，花瓣 4 枚，小，离生。浆果核果，呈球形，成熟时为紫黑色，萼片宿存。

小叶赤楠

　　生态习性：种子或扦插进行繁殖。

　　观赏特性及应用：枝叶密集，四季常青，生长缓慢，果色艳丽，耐修剪，可作绿篱、盆景树。

18. 枸骨冬青(鸟不宿、猫儿刺、枸骨)

Llex cornuta L. 冬青科　冬青属

　　识别要点：常绿小乔木，树皮平滑不裂。叶硬革质，矩圆形，顶端扩大并有 3 枚大尖硬刺齿，中央一枚向背面弯，基部两侧各有 1～2 枚大刺齿，表面深绿而有光泽，背面淡绿色。花小,黄绿色,簇生叶腋。核果球形,鲜红色。花期4—5月,果熟期9—11月。

生态习性:喜光,稍耐阴;喜温暖气候及肥沃、湿润而排水良好之微酸性土壤,耐寒性不强;颇能适应城市环境,对有害气体有较强抗性。生长缓慢,萌蘖力强,耐修剪。可用播种和扦插繁殖。

观赏特性及应用:枝叶稠密,叶形奇特,叶色深绿,叶面光亮,入秋红果累累,经冬不凋,鲜艳美丽,是良好的观叶、观果树种。宜作基础种植及岩石园材料,也可孤植于花坛中心,对植于前庭、路口,或丛植于草坪边。同时又是很好的绿篱(兼有果篱、刺篱的效果)及盆栽材料。果枝可瓶插,经久不凋。

枸骨冬青

19. 九里香(七里香、千里香)

Murraya paniculata (L.)Jack.

芸香科　九里香属

识别要点:常绿灌木。奇数羽状复叶,小叶3～9片,互生、卵形、匙状倒卵形至近菱形,全缘,表面深绿色,有光泽。伞房花序,顶生,侧性或生于上部叶腋内。花白色,极芳香,花期7—11月。果有黏液。

生态习性:喜温暖、湿润气候,要求阳光充足,不耐寒,稍耐阴,冬季室温不低于5℃,耐旱,要求深厚、肥沃及排水良好的土壤。用播种、高压法繁殖,也可用扦插法繁殖。

九里香

观赏特性及应用:株姿优美,枝叶秀丽,花香浓郁。盆栽观赏,南方可作绿篱或植于建筑物周围。

20. 四季桂(月月桂)

Osmanthus fragrans var.*semperfloren*

木樨科　木樨属

识别要点:花朵颜色稍白,或淡黄,香气较淡,叶片薄。长年开花。是木樨属桂花的变种。

生态习性:弱阳性,喜温暖湿润气候,有一定的抗寒能力,但不耐严寒。喜光,也耐阴,在幼苗时要有一定的遮阴度。对土壤要求不高,喜地势高燥、富含腐殖质的微酸性土壤,尤以土层深厚、肥沃湿

四季桂

润、排水良好的沙质土壤最为适宜。不耐干旱瘠薄土壤,忌盐碱土和涝渍地,栽植于排水不良的过湿地,会造成生长不良、根系腐烂、叶片脱落,最终导致全株死亡。

观赏特性及应用：四季桂是桂花的一个优良品种，四季开花，四季飘香。夏秋两季芳香浓郁，春冬两季微有香气。四季栽培，既可美化环境，又可入药。其根炖肉服，治虚火牙痛、喉痛。阳台、庭院均可栽培，常植于园林内、道路两侧、草坪和院落等地。

21. 金叶女贞

Ligustrum vicaryi Hort. Hybrid 木樨科　女贞属

识别要点：常绿小灌木，由加州金边女贞与欧洲女贞杂交育成，高 1～3 m，冠幅 1.5～2 m。叶片较大，叶女贞稍小，单叶对生，椭圆形或卵状椭圆形，长 2～5 cm。核果阔椭圆形，紫黑色。

生态习性：喜光，耐阴性较差，耐寒力中等，适应性强，以疏松肥沃、通透性良好的沙壤土为最好。

观赏特性及应用：生长季节叶色呈鲜丽的金黄色，尤其在春秋两季色泽更加璀璨亮丽，具极佳的观赏效果。主要用来组成图案和建造绿篱，被誉为"金玉满堂"。可与红叶的紫叶小檗、红花檵木、绿叶的龙柏、黄杨等组成灌木状色块，形成强烈的色彩对比，也可修成球形。

金叶女贞

22. 茉莉（莫利花、抹厉）

Jasminum sambac （Linn.）Aiton

木樨科　茉莉属

识别要点：为常绿灌木，枝条细长小枝有棱角，有时有毛，略呈藤本状。叶对生，卵形，光亮。聚伞花序，顶生或腋生，具花 3～9 朵。花期 6—10 月，花冠白色，芳香。

生态习性：喜温暖湿润，越冬温度如低于 3℃，则遭受冻害。在通风、半阴的环境中生长最好。畏寒，忌旱，不耐湿涝。要求微酸性的砂质壤土。多用扦插法繁殖，也可分株和压条。

观赏特性及应用：叶色青翠，花色洁白，香气浓厚，盆栽点缀居室，清雅宜人，暖地可布置庭园。是熏制花茶的重要香科。为福州市市花。

茉莉

23. 黄蝉

Allemanda neriifolia Hook. 夹竹桃科　黄蝉属

识别要点：常绿直立或半直立灌木，具乳汁。单叶 3～5 枚轮生，椭圆形或倒披针状矩圆形，全缘，被短柔毛，叶脉在下面隆起。聚伞花序顶生，花冠鲜黄色，花冠基部膨大呈漏斗状，中心有红褐色条纹斑。裂片 5，花冠筒基部膨大，喉部被毛。蒴果球形，具长刺。花期 5—8

月,果期 10—12 月。

生态习性:喜高温、多湿、阳光充足,适于肥沃、排水良好的土壤。

观赏特性及应用:四季常青,枝叶繁茂,花形大,花色艳,花期长。抗贫瘠,抗污染,适应性强。适于园林种植或盆栽观花、观叶,也适于厂矿绿化。因为有毒,所以不适合家庭栽种。

主要栽培种类:软枝黄蝉(*A. cathartica*):常绿蔓性藤本;叶 3～4 片轮生,倒卵状披针形或长椭圆形,先端渐尖;花腋生,聚伞花序,花冠漏斗形五裂,裂片卵圆形,金黄色;冠筒细长,喉部橙褐色。

黄蝉

24. 夹竹桃(柳叶桃、半年红)

Nerium indicum Mill. 夹竹桃科 夹竹桃属

识别要点:常绿直立大灌木,含乳汁,无毛。叶 3～4 枚轮生,在枝条下部为对生,窄披针形,下面浅绿色;侧脉细小,密生而平行。聚伞花序顶生,花萼直立;花冠深红色,芳香,重瓣;副花冠鳞片状,顶端撕裂。花期 6—10 月。

生态习性:不耐寒,畏水涝。对土壤要求不严,耐烟尘,抗有毒气体。

观赏特性及应用:枝叶繁茂,四季常青,叶片如柳似竹,花色艳丽似桃,粉红至深红或白色,有特殊香气。适应性强,花期甚长。适宜公路、铁路、厂矿绿化。全株有毒,鱼塘、牧场边不宜栽种。

夹竹桃

主要栽培品种:白花夹竹桃:花白色,单瓣。重瓣夹竹桃:花红色,重瓣。淡黄夹竹桃:花淡黄,单瓣。

25. 黄栀子(山栀)

Gardenia jasminoides f. *grandiflora*

茜草科 栀子属

识别要点:常绿灌木,单叶对生,倒卵形,有三角状托叶。花顶生,花冠白色,芳香,可作为茶香料,花期春末初夏。花后结果长卵形,具六棱及六刀状宿存萼,熟果变黄再转橘红。

生态习性:喜温暖湿润气候,耐寒,较耐旱,耐肥,耐修剪,喜光照。适生于肥沃、湿润、排水良好的酸性土壤,忌积水、盐碱地。

黄栀子

观赏特性及应用:花色洁白,香味浓郁,果色艳丽,果形优美,是著名香花树种,常作庭园花木栽植,也可盆栽赏花观果。

26. 小叶栀子(小花栀子)

Gardenia jasminoides cv. prostrata

茜草科　栀子属

识别要点:常绿灌木,单叶对生或 3 叶轮生,叶
片倒卵形,革质,翠绿有光泽。花白色,极芳香。浆
果卵形,黄色或橙色。

生态习性:喜湿润、温暖、光照充足且通风良好
的环境,忌强光曝晒。宜用疏松肥沃、排水良好的
酸性土壤种植。可扦插、压条、分株或播种繁殖。

观赏特性及应用:四季常绿,花香怡人,绿叶白

小叶栀子

花,素雅清丽。适用于阶前、池畔和路旁配置,也可用作花篱和盆栽观赏,或作插花和佩带装饰。

27. 金边六月雪(白马骨)

Serissa japonica cv. 'Variegata'

茜草科　白马骨属

识别要点:半常绿小灌木,多分枝而稠密,老茎
褐色,有明显的皱纹,幼枝细而挺拔,绿色。叶对
生,很小,长不到 1 cm,卵形至卵状椭圆形,全缘,先
端钝,厚革质,深绿色,有光泽。花形小,密生在小
枝的顶端,花冠长约 7 mm,漏斗状,有柔毛,白色略
带红晕。花萼绿色,上有裂齿,质地坚硬。小核果
近球形。花期 6—7 月。

金边六月雪

生态习性:喜阳光,也较耐阴,忌狂风烈日,高温酷暑时节宜疏荫。对温度要求不严,在
华南为常绿,西南为半常绿。耐旱力强,对土壤要求不严。盆栽宜用含腐殖质、疏松肥沃、通
透性强的微酸性、湿润培养土。采用扦插繁殖。

观赏特性及应用:枝叶细密,叶片窄小,四季常青,花色洁白,盆栽观赏,是极好的盆景材
料,也可作露地配置。

主要栽培品种:

①阴木:较原种矮小,叶质厚,小枝直立向上生长,叶较细小,密集小枝端部,花较稀疏。

②重瓣阴木:花重瓣。

③复瓣六月雪:花蕾形尖,淡紫色,花开时转为白色,花重瓣,质较厚。

28. 龙船花(山丹、水绣球)

Ixora chinensis Lam.茜草科　龙船花属

识别要点:常绿小灌木,全株无毛。叶对生,薄革质,披针形、矩圆状披针形至矩圆状

倒卵形,全缘,有极短的柄。聚伞花序顶生,花冠红色或橙黄色,花期 6—11 月。浆果近球形,紫红色。

生态习性:性喜温暖,耐高温,不耐寒,喜光,耐半阴,抗旱,也怕积水,要求富含腐殖质、疏松、肥沃的酸性土壤。用播种或扦插繁殖,也可分枝或压条。

观赏特性及应用:株形美观,花色红艳,花期久长,宜盆栽观赏。在华南地区,可在园林中丛植,或与山石配置。

龙船花

29. 灰莉(非洲茉莉、华灰莉)

Fagraea ceilanica Thunb. 马钱科　灰莉属

识别要点:常绿乔木或灌木,有时可呈攀缘状。叶对生,稍肉质,椭圆形或倒卵状椭圆形,长 5～10 cm,侧脉不明显。花单生或为二岐聚伞花序,花冠白色,有芳香。浆果近球形,淡绿色。

生态习性:性喜阳光,耐阴,耐寒力强,在南亚热带地区终年青翠碧绿,长势良好。对土壤要求不严,适应性强,易栽培。

观赏特性及应用:枝叶茂密,四季常青,花大而芳香,为良好的庭院观赏植物,也可盆栽。

灰莉

30. 金脉爵床(金叶木、斑马爵床)

Sanchezia speciosa J. Leonard
爵床科　黄脉爵床属

识别要点:常绿灌木,直立多分枝,茎干半木质化。单叶对生,无叶柄,阔披针形,宽大,先端渐尖,基部宽楔形,叶缘锯齿;叶片嫩绿色,叶脉橙黄色。花黄色,管状,8～10 朵簇生于花茎上,整个花簇为一对红色的苞片包围。花期夏秋季。

生态习性:喜高温、多湿,生长适温为 20～25℃,越冬温度在 10℃以上。忌日光直射。要求排水良好的沙质壤土。多用扦插繁殖。

金脉爵床

观赏特性及应用:叶色深绿,叶脉淡黄色,十分美丽,花穗金黄,花期可持续数周,是良好的室内盆栽植物,适宜家庭、宾馆和橱窗布置。由于它基部叶片容易变黄脱落,可用矮生观叶植物配置周围。

31. 银脉爵床

Kudoacanthus albo-nervosa Hosok. 爵床科　银脉爵床属

识别要点：多分枝。茎被硬毛，下部节上生根。叶膜质，卵形或圆卵形，叶卵形至卵状椭圆形，长 20～30 cm，缘有钝齿。叶色浓绿，有光泽，叶脉银白色。

生态习性：喜光照充足、温暖湿润的环境，不耐寒，要求疏松肥沃的土壤。

银脉爵床

观赏特性及应用：良好的室内盆栽植物。叶色深绿，叶脉银白色，十分美丽，花穗金黄，花期可持续数周，适宜家庭、宾馆和橱窗布置。由于它基部叶片容易变黄脱落，可用矮生观叶植物配置周围。

32. 花叶假连翘

Duranta repens 'Variegata'
马鞭草科　假连翘属

识别要点：常绿灌木，枝下垂或平展。单叶对生，近三角形，叶缘有黄白色条纹，中部以上有粗齿。花蓝色或淡蓝紫色，总状花序呈圆锥状，花期5—10月。核果橙黄色，有光泽。

生态习性：性喜高温，耐旱。喜全日照，喜好强光，能耐半阴。生长快，耐修剪。繁殖多用扦插或播种方式。

花叶假连翘

观赏特性及应用：枝叶繁茂，四季常青，紫花黄果，色彩艳丽。可修剪成形，丛植于草坪或与其他树种搭配；也可作绿篱，或与其他彩色植物组成模纹花坛；还可以盆栽观赏，适宜布置会场等地。

33. 金叶假连翘（黄金叶）

Duranta repens cv. 'Variegata'
马鞭草科　假连翘属

识别要点：常绿灌木，株高 0.2～0.6 m，枝下垂或平展。叶对生，叶长卵圆形，色金黄至黄绿，卵椭圆形或倒卵形，长 2～6.5 cm，中部以上有粗齿。花蓝色或淡蓝紫色，总状花序呈圆锥状，花期 5—10月。核果橙黄色，有光泽。

生态习性：性喜高温，耐旱。喜全日照，喜好强光，能耐半阴。生长快，耐修剪。繁殖多用扦插或播种方式。

金叶假连翘

观赏特性及应用：适于种植作绿篱、绿墙、花廊，或攀附于花架上，或悬垂于石壁、砌墙上，均很美丽。枝条柔软，耐修剪，可卷曲为多种形态，作盆景栽植，或修剪培育作桩景，效果尤佳。南方可修剪成形,丛植于草坪或与其他树种搭配,也可作绿篱,还可与其他彩色植物组成模纹花坛。

34. 马缨丹(五色梅、五色花)

Lantana camara Linn. 马鞭草科　马鞭草属

识别要点:多年生蔓性灌木,通常有短而下弯的细刺和柔毛。多分枝,茎四方柱形。叶多绉,具臭味,卵形或心脏形,对生,边缘有小锯齿。头状花序,稠密。头状花序再排成圆锥状。花色变化大,初开黄色后转变为橙、红,最后呈粉色。5—9月开花。

生态习性:喜光,喜温暖湿润气候。适应性强,耐干旱瘠薄,不耐寒,在疏松肥沃排水良好的沙壤土上生长较好。花除栽培外各处皆有逸为野生植株,播种或扦插法繁殖。

马缨丹

观赏特性及应用:花色美丽,观花期长,绿树繁花,常年艳丽,抗尘、抗污力强。华南地区可植于公园、庭院中作花篱、花丛,也可于道路两侧、旷野形成绿化覆盖植被。盆栽可置于门前、厅堂、居室等处观赏,也可组成花坛。

主要栽培品种:

①蔓五色梅(L. montevidensis):半藤蔓状,花色玫瑰红带青紫色。

②白五色梅(cv. Nivea):花以白色为主。

③黄五色梅(cv. Hybrida):花以黄色为主。

35. 南天竹(红杷子、天竹、兰竹)

Nandina domestica Thunb. 小檗科　南天竹属

识别要点:常绿灌木,幼枝常为红色。2～3回羽状复叶互生,小叶椭圆状披针形,全缘,冬季常变红。圆锥花序顶生,花白色。浆果球形,熟时红色。

生态习性:多生于湿润的沟谷旁、疏林下或灌丛中,为钙质土壤指示植物。喜温暖多湿及通风良好的半阴环境。较耐寒,能耐微碱性土壤。花期5—7月。野生于疏林及灌木丛中,也多栽于庭园。强光下叶色变红。适宜在湿润肥沃、排水良好的沙壤土生长,容

南天竹

易养护。栽培土要求肥沃、排水良好的沙质壤土。对水分要求不甚严格,既能耐湿也能耐旱。

观赏特性及应用:因其形态优越清雅,常用以制作盆景或盆栽来装饰窗台、门厅、会场等。

主要栽培品种:

①玉果南天竹:浆果成熟时为白色。

②绵丝南天竹:叶色细如丝。

③紫果南天竹:果实成熟时呈淡紫色。

④圆叶南天竹:叶圆形,且有光泽。

36. 洒金东瀛珊瑚

（洒金珊瑚、黄叶日本桃叶珊瑚）

Aucuba japonica var. *variegata* D'Om-Brain

山茱萸科　桃叶珊瑚属

洒金东瀛珊瑚

识别要点：常绿灌木，高可达 3 m。丛生，树冠球形。树皮初时绿色，平滑，后转为灰绿色。叶对生，肉革质，矩圆形，缘疏生粗齿牙，两面油绿而富光泽。叶面黄斑累累，酷似洒金。花单性，雌雄异株，为顶生圆锥花序，花紫褐色。核果长圆形。

生态习性：适应性强。性喜温暖阴湿环境，不甚耐寒，在林下疏松肥沃的微酸性土或中性壤土生长繁茂；阳光直射而无庇荫之处，则生长缓慢，发育不良。耐修剪，病虫害极少，对烟害的抗性很强。

观赏特性及应用：枝繁叶茂，凌冬不凋，是珍贵的耐阴灌木。宜配植于门庭两侧树下，庭院墙隅、池畔湖边和溪流林下，凡阴湿之处无不适宜；或配植于假山上，作花灌木的陪衬，或作树丛林缘的下层基调树种，亦甚协调得体。可盆栽，其枝叶常用于瓶插。

37. 鸳鸯茉莉

Brunfelsia acuminata (Pohl.) Benth.

茄科　鸳鸯茉莉属

鸳鸯茉莉

识别要点：常绿灌木。叶互生，长披针形，长 5～7 cm，宽 1.7～2.5 cm，纸质，腹面绿色，背面黄绿色，叶缘略波皱。花单生或 2～3 朵簇生于叶腋，高脚碟状花。花冠五裂，初开时蓝色，后转为白色，芳香。花期 5—6 月、10—11 月。

生态习性：其性喜高温、湿润、光照充足的气候条件，喜疏松肥沃土壤，耐半阴、干旱、瘠薄，忌涝，畏寒冷。生长适温为 18～30℃。

观赏特性及应用：由于花开有先后，在同株上能同时见到蓝紫色和白色的花，故又叫双色茉莉。因其会变色又有香味，颇受人喜爱。

38. 散尾葵（黄椰子）

Chrysalidocarpus lutescens H. Wendl.

棕榈科　散尾葵属

识别要点：丛生常绿灌木或小乔木。茎干光滑，黄绿色，无毛刺，嫩时披蜡粉，上有明显叶痕，呈环纹状。叶面滑细长，羽状复叶，全裂，长 40～150 cm；叶柄稍弯曲，先端柔软；裂片条状披针形,左右两侧不对称,中部裂片长约 50 cm,顶部裂片仅 10 cm,端长渐尖,常为 2 短裂,背面主脉隆起;叶柄、叶轴、叶鞘均淡黄绿色;叶鞘圆筒形,包茎。

生态习性:性喜温暖湿润、半阴且通风良好的环境,不耐寒,较耐阴,畏烈日,适宜生长在疏松、排水良好、富含腐殖质的土壤,越冬最低温要在 10℃以上。

观赏特性及应用:株形秀美,在华南地区多作庭园栽植,极耐阴,可栽于建筑物阴面。其他地区可作盆栽观赏。

散尾葵

39. 棕竹(筋头竹、观音竹)

Rhapis excelsa（Thunb.）Henry ex Rehd.

识别要点:常绿丛生灌木。茎圆柱形,有节,上部具褐色粗纤维质叶鞘。叶掌状,4～10 深裂,裂片条状披针形或宽披针形,边缘和中脉有褐色小锐齿。肉穗花序,多分枝。雌雄异株,雄花小,淡黄色;雌花大,卵状球形。浆果球形。花期 4—5 月,果期 11—12 月。

生态习性:喜温暖湿润气候,不耐寒,越冬温度不得低于 10℃。怕酷热,气温高于 34℃时,叶片常会焦边,生长停滞。

观赏特性及应用:株丛挺拔,叶形清秀,宜配植于窗外、路旁、花坛或廊隅等处。丛植或列植均可,也可盆栽,制作盆景,供室内装饰。茎秆可作手杖和伞柄。常用分株和播种繁殖。

主要栽培品种:

棕竹

变种有斑叶棕竹,叶片具金黄色条斑,异常美丽。栽培种有:

①多裂棕竹(*Rhapis multifida* Burr.):茎丛生,叶扇形;掌状深裂,裂片 25～35 片,狭线形,劲直伸展,边缘有小齿,两侧及中间一片最宽,宽 1.5～2.2 cm,有 2 条纵向平形脉,其余裂片有 1 条纵向叶脉。

②矮棕竹(*Rhapis humilis* Bl):植株挺拔,叶半圆形,裂片狭长软垂。

③细棕竹(*Rhapis gracilis* Burret):高 1.5 m,直径 1 cm;掌状深裂,裂片 2～4 裂,长约 15 cm,宽约 2.5 cm,边缘及肋脉具细齿,先端急尖、具齿,叶柄纤维褐色;树形矮小优美,可作庭园绿化材料。

40. 袖珍椰子(矮生椰子、袖珍棕、矮棕)

Chamaedorea elegans Mart.

棕榈科　袖珍椰子属

识别要点:袖珍椰子盆栽时,株高不超过 1 m,其茎干细长直立,不分枝,深绿色,上有不规则环纹。叶片由茎顶部生出,羽状复叶,全裂,裂片宽披针形。雌雄异株。

生态习性:喜温暖、湿润和半阴的环境。

观赏特性及应用:其株形酷似热带椰子树,形态小巧玲珑,美观别致,故得名袖珍椰子。能同时净化空气中的苯、三氯乙烯和甲醛,是植物中的"高效空气净化器",非常适合摆放在室内或新装修好的居室中。

袖珍椰子

❋ 思考题

1. 描述 3 种你所熟悉的阔叶类落叶乔木的观赏特性。

2. 用检索表区别 10 种阔叶类落叶乔木。

3. 结合自己所见,评析阔叶类落叶乔木在园林绿化中的应用效果。

4. 描述 3 种你所熟悉的阔叶类常绿乔木的观赏特性。

5. 用检索表区别 10 种阔叶类常绿乔木。

6. 结合自己所见,评析阔叶类常绿乔木在园林绿化中的应用效果。

7. 描述 3 种你所熟悉的阔叶类落叶灌木的观赏特性。

8. 用检索表区别 10 种阔叶类落叶灌木。

9. 结合自己所见,评析阔叶类落叶灌木在园林绿化中的应用效果。

10. 描述 3 种你所熟悉的阔叶类常绿灌木的观赏特性。

11. 用检索表区别 10 种阔叶类常绿灌木。

12. 结合自己所见,评析阔叶类常绿灌木在园林绿化中的应用效果。

13. 描述 3 种你所熟悉的木质藤本的观赏特性。

14. 用检索表区别 10 种木质藤本。

15. 结合自己所见,评析木质藤本在园林绿化中的应用效果。

16. 描述 3 种你所熟悉的观赏竹类的观赏特性。

17. 用检索表区别 10 种观赏竹类。

18. 结合自己所见,评析观赏竹类在园林绿化中的应用效果。

19. 根据下列条件,选择合适的树种。

(1)适宜作绿篱的植物;　　(2)适宜作盆景的植物;　　(3)适宜作盆栽的植物;

(4)适宜作行道树的植物;　　(5)适宜作庭荫树的植物;　　(6)适宜作地被的植物;

（7）适宜岩石园配置的植物；　（8）开黄色花的植物；　　（9）开白色花的植物；

（10）开紫色花的植物；　　（11）开红色花的植物；　　（12）先开花后长叶的植物；

（13）秋天叶色变黄的植物；　（14）秋天叶色变红的植物；（15）常年叶色为红色的植物；

（16）常年叶色为黄色的植物。

实训一　阔叶类落叶乔木识别与应用评析

✳ 一、目的要求

复习和巩固植物形态的知识，识别常见阔叶类落叶乔木种类，培养和提高野外观察、识别、鉴赏和应用能力。

✳ 二、材料用具

树木标本园、花圃或公园中常见园林观赏树种，采集袋、标牌、高枝剪、手枝剪、笔记本、笔、皮尺、解剖针、刀片、扩大镜、《福建植物志》《园林观赏树木 1200 种》《中国高等植物图鉴》《中国树木志》《观赏树木》等。

✳ 三、方法步骤

（一）树种形态观测记录

主要内容包括：

1. 树木生长习性：乔木、灌木、木质藤本、常绿、落叶。

2. 树木生长状况：高度、冠幅（南北、东西）、分枝方式。

3. 叶：叶型、叶色、叶缘、毛及颜色、叶形、长度及宽度、叶脉的数量及形状。

4. 枝：枝色、枝长。

5. 皮孔：大小、颜色、形状及分布。

6. 树皮：颜色、开裂方式、光滑度。

7. 花：花形、花色、花瓣的数量、花序的种类。

8. 皮刺（卷须、吸盘）：着生位置、形状、长度、颜色、分布状况。

9. 芽：种类、颜色、形状。

10. 果实：种类、形状、颜色、长度、宽度。

（二）树种识别

1. 在老师的指导下，进行标本采集和野外记录。

2. 通过对标本的解剖和观察，描述植物的形态特征。

3. 根据植物的主要特征,利用工具书鉴定其科、属、种名,教师指导并订正。

4. 掌握识别要点,区别、熟记常见树种,或者通过编写检索表记忆和识别树种。

(三)鉴赏与应用评析

针对某植物的形态特征和生长适应性,对其观赏价值作出评价,并提出园林应用方法。

✳ 四、结果与分析

将实训过程详细记录,体现实训操作中的主要技术环节。

✳ 五、问题讨论

对实训过程的体会和存在的问题进行总结和讨论。

实训二 阔叶类常绿乔木识别与应用评析

✳ 一、目的要求

复习和巩固植物形态的知识,识别常见阔叶类常绿乔木种类,培养和提高野外观察、识别、鉴赏和应用能力。

✳ 二、材料用具

树木标本园、花圃或公园中常见园林观赏树种,采集袋、标牌、高枝剪、手枝剪、笔记本、笔、皮尺、解剖针、刀片、扩大镜、《福建植物志》《园林观赏树木 1200 种》《中国高等植物图鉴》《中国树木志》《观赏树木》等。

✳ 三、方法步骤

(一)树种形态观测记录

主要内容包括:

1. 树木生长习性:乔木、灌木、木质藤本、常绿、落叶。

2. 树木生长状况:高度、冠幅(南北、东西)、分枝方式。

3. 叶:叶型、叶色、叶缘、毛及颜色、叶形、长度及宽度、叶脉的数量及形状。

4. 枝:枝色、枝长。

5. 皮孔:大小、颜色、形状及分布。

6. 树皮：颜色、开裂方式、光滑度。

7. 花：花形、花色、花瓣的数量、花序的种类。

8. 皮刺(卷须、吸盘)：着生位置、形状、长度、颜色、分布状况。

9. 芽：种类、颜色、形状。

10. 果实：种类、形状、颜色、长度、宽度。

(二)树种识别

1. 在老师的指导下，进行标本采集和野外记录。

2. 通过对标本的解剖和观察，描述植物的形态特征。

3. 根据植物的主要特征，利用工具书鉴定其科、属、种名，教师指导并订正。

4. 掌握识别要点，区别、熟记常见树种，或者通过编写检索表记忆和识别树种。

(三)鉴赏与应用评析

针对某植物的形态特征和生长适应性，对其观赏价值作出评价，并提出园林应用方法。

四、结果与分析

将实训过程详细记录，体现实训操作中的主要技术环节。

五、问题讨论

对实训过程的体会和存在的问题进行总结和讨论。

实训三　阔叶类落叶灌木识别与应用评析

一、目的要求

复习和巩固植物形态的知识，识别常见阔叶类落叶灌木种类，培养和提高野外观察、识别、鉴赏和应用能力。

二、材料用具

树木标本园、花圃或公园中常见园林观赏树种，采集袋、标牌、高枝剪、手枝剪、笔记本、笔、皮尺、解剖针、刀片、扩大镜、《福建植物志》《园林观赏树木 1200 种》《中国高等植物图鉴》《中国树木志》《观赏树木》等。

✳ 三、方法步骤

(一)树种形态观测记录

主要内容包括：

1. 树木生长习性：乔木、灌木、木质藤本、常绿、落叶。

2. 树木生长状况：高度、冠幅(南北、东西)、分枝方式。

3. 叶：叶型、叶色、叶缘、毛及颜色、叶形、长度及宽度、叶脉的数量及形状。

4. 枝：枝色、枝长。

5. 皮孔：大小、颜色、形状及分布。

6. 树皮：颜色、开裂方式、光滑度。

7. 花：花形、花色、花瓣的数量、花序的种类。

8. 皮刺(卷须、吸盘)：着生位置、形状、长度、颜色、分布状况。

9. 芽：种类、颜色、形状。

10. 果实：种类、形状、颜色、长度、宽度。

(二)树种识别

1. 在老师的指导下，进行标本采集和野外记录。

2. 通过对标本的解剖和观察，描述植物的形态特征。

3. 根据植物的主要特征，利用工具书鉴定其科、属、种名，教师指导并订正。

4. 掌握识别要点，区别、熟记常见树种，或者通过编写检索表记忆和识别树种。

(三)鉴赏与应用评析

针对某植物的形态特征和生长适应性，对其观赏价值作出评价，并提出园林应用方法。

✳ 四、结果与分析

将实训过程详细记录，体现实训操作中的主要技术环节。

✳ 五、问题讨论

对实训过程的体会和存在的问题进行总结和讨论。

实训四　阔叶类常绿灌木识别与应用评析

✳ 一、目的要求

复习和巩固植物形态的知识，识别常见阔叶类常绿灌木种类，培养和提高野外观察、识别、鉴赏和应用能力。

✸二、材料用具

　　树木标本园、花圃或公园中常见园林观赏树种,采集袋、标牌、高枝剪、手枝剪、笔记本、笔、皮尺、解剖针、刀片、扩大镜、《福建植物志》《园林观赏树木 1200 种》《中国高等植物图鉴》《中国树木志》《观赏树木》等。

✸三、方法步骤

(一)树种形态观测记录
主要内容包括:
1. 树木生长习性:乔木、灌木、木质藤本、常绿、落叶。
2. 树木生长状况:高度、冠幅(南北、东西)、分枝方式。
3. 叶:叶型、叶色、叶缘、毛及颜色、叶形、长度及宽度、叶脉的数量及形状。
4. 枝:枝色、枝长。
5. 皮孔:大小、颜色、形状及分布。
6. 树皮:颜色、开裂方式、光滑度。
7. 花:花形、花色、花瓣的数量、花序的种类。
8. 皮刺(卷须、吸盘):着生位置、形状、长度、颜色、分布状况。
9. 芽:种类、颜色、形状。
10. 果实:种类、形状、颜色、长度、宽度。
(二)树种识别
1. 在老师的指导下,进行标本采集和野外记录。
2. 通过对标本的解剖和观察,描述植物的形态特征。
3. 根据植物的主要特征,利用工具书鉴定其科、属、种名,教师指导并订正。
4. 掌握识别要点,区别、熟记常见树种,或者通过编写检索表记忆和识别树种。
(三)鉴赏与应用评析
针对某植物的形态特征和生长适应性,对其观赏价值作出评价,并提出园林应用方法。

✸四、结果与分析

　　将实训过程详细记录,体现实训操作中的主要技术环节。

✸五、问题讨论

　　对实训过程的体会和存在的问题进行总结和讨论。

模块 四

藤本类观赏植物识别与应用

知识目标

通过本模块的学习,了解藤本类观赏植物资源,熟悉常见种类的形态特征、生态习性、观赏特性和园林应用的基本知识。

技能目标

通过本模块学习,能熟练识别藤本类观赏植物,理解常见种类的观赏特性和园林应用。

1. 金银花(忍冬、金银藤、鸳鸯藤)

Lonicera japonica Thunb.忍冬科　忍冬属

识别要点:半常绿藤本。幼枝红褐色,密被黄褐色毛。幼叶两面生柔毛,成叶纸质,单叶对生,圆卵形,入冬略带红色。伞房花序,每叶腋间着生两朵,芳香,初开为白色,后变为黄色,花期3—5月。浆果黑色。

生态习性:性强健,茎落地能生根;喜光耐阴,耐寒,耐旱及水湿;对土壤要求不严,酸碱土壤均能生长。

金银花

观赏特性及应用:枝蔓细柔,攀附生长,披散下垂,别具特色;花色奇特,香味清雅;花期长,适应广,易栽培,用途多。园林上常作垂直绿化材料,也可作盆景。

2. 凌霄(中国霄、大花凌霄)

Campsis grandiflora(Thunb.)Loisel.

紫葳科　紫葳属

识别要点:落叶木质藤本。具气生根;树皮灰褐色,具细纵裂沟纹;羽状复叶对生,小叶7～9枝,长卵形;顶生圆锥花序,花钟形,外橙内红;二强雄蕊,蒴果细长如豆荚,其萼筒表面5条纵脉明显。

凌霄

生态习性：喜温暖湿润,不耐寒;耐旱,忌积水;喜排水良好、肥沃湿润的土壤,稍耐盐碱。

观赏特性及应用：夏秋开花,花期长,花朵大而鲜艳。常用于垂直绿化。

3. 木香(木香藤)

Rosa banksiae Ait. 蔷薇科　蔷薇属

识别要点：半常绿攀缘灌木。树皮红褐色,薄条状脱落;小枝绿色;奇数羽状复叶,小叶 3～7 枚,椭圆卵形,缘有细齿;花期夏初,顶生伞形花序,花白或黄色,单瓣或重瓣,具浓香;果红色。

生长习性：喜阳,较耐寒,畏水湿,忌积水。喜肥沃、排水好的沙质土。

观赏特性及应用：花具浓香,萌芽力强,耐修剪。多用于花架、格墙、篱垣和崖壁的垂直绿化。

木香

主要栽培品种：

①重瓣白木香(R. banksiae cv. albo-plena)：常绿藤本。树皮红褐色,薄条状剥落;小枝绿色,光滑无刺或疏生钩状刺。奇数羽状复叶,小叶 3～5 片,椭圆状披针形,边缘有细齿,暗绿色,有光泽;托叶线形,与叶柄离生,早落。5—6 月开花,花白色,重瓣芳香,伞形花序,不结实。

②黄木香(黄木香花,R. banksiae cv. lutea)：花瓣黄色,香味较淡。

4. 爬山虎(爬墙虎)

Parthenocissus tricuspidata(S. Et Z.)Planch.
葡萄科　爬山虎属

识别要点：多年生落叶藤本。老枝灰褐色,幼枝紫红色,具皮孔;卷须短,多分枝,具黏性吸盘。叶互生,花枝叶宽卵形,常 3 裂,幼枝叶较小,不分裂;花期 6 月,聚伞花序,花 5 数;果期 9—10 月,浆果小球形,熟时蓝黑色,被白粉。

生长习性：喜阴湿,耐寒,耐旱,耐贫瘠,耐修剪,怕积水。适宜阴湿、肥沃的土壤。

观赏特性及应用：性随和,占地少,生长快,覆盖面积大。是垂直绿化优选植物。可美化环境,降低温度,调节空气,减少噪音。

爬山虎

常见种类：异叶爬山虎 *P. heterophyllus*(Blume)Merr.：落叶藤木。营养枝叶为单叶,心卵形,缘有粗齿;花果枝叶具长柄,三出复叶,缘有小齿或近全缘;短枝端叶腋生聚伞花序;熟果紫黑。

5. 葡萄（提子、蒲桃、山葫芦）

Vitis vinifera Linn. 葡萄科　葡萄属

识别要点：高大缠绕藤本。树皮长片状剥落，叶纸质，互生，掌状叶 3～5 裂，基部心形，边缘有粗而稍尖锐的齿缺，下面常密被蛛丝状绵毛；复总状花序，呈圆锥形；浆果圆形或椭圆，色泽随品种而异，外被蜡粉。

生态习性：抗旱，耐瘠，耐盐碱，不怕耕作伤根。

观赏特性及应用：枝蔓生长迅速，结果早，寿命长，绿叶成荫，硕果晶莹。常用于园林长廊造景。

葡萄

6. 雀梅藤（刺杨梅、对接木、五金龙）

Sageretia thea (Osbeck) Johnst.

鼠李科　雀梅藤属

识别要点：灌木。小枝具刺，灰褐色，被短柔毛；叶对生，纸质，叶缘具细齿，无毛或沿脉被柔毛；花两性，无梗，黄色芳香，穗状或圆锥状花序，密生短柔毛；核果近球形，熟时紫黑。

生态习性：喜半阴、温暖、湿润环境，有一定耐寒性。

观赏特性及应用：耐修剪，寿命长，常用于制作盆景或作垂直绿化材料。

雀梅藤

7. 紫藤（藤萝）

Wistevia Sinensis Sweet 蝶形花科　紫藤属

识别要点：落叶木本。茎粗壮，皮灰白色，逆时针旋转生长，具螺旋状沟槽，皮孔明显；奇数羽状复叶互生，小叶 7～13 枚；总状花序顶生或腋生，下垂，紫色芳香；荚果呈短刀形，成熟前灰绿色，上被银灰色柔毛。

生态习性：喜光，略耐阴，耐寒，不耐移植，对城市环境的适应性较强。

观赏特性及应用：姿态优美，春季繁花满树，紫花烂漫，夏末秋初花穗荚果相映成趣。常应用于园林棚架或做成悬崖式盆景。

紫藤

8. 薜荔（凉粉子、凉粉果）

Ficus pumila Linn. 桑科　榕属

识别要点：常绿攀缘或匍匐灌木。含乳汁；小枝具棕色绒毛；叶二型，营养枝上叶小而薄,心状卵形,基部偏斜;花枝上叶较大而厚,革质,卵状椭圆形,网脉凸起,顶端钝,背有短毛;隐花果单生于叶腋,倒卵形,有短柄;熟果暗褐色。

生态习性:喜光,较耐荫蔽,耐寒,耐暑热,较耐干旱,亦较耐水湿。对土壤的适应性较强,沙土或黏土均宜。

观赏特性及应用:萌芽力强,易种植;叶质厚,深绿发亮,寒冬不凋。常用于垂直攀缘绿化。

薜荔

9. 常春藤(中华常春藤)

Hedara nepalensia var. *sinensis* 五加科　常春藤属

识别要点:常绿灌木。茎枝具气生根,幼枝被柔毛;叶互生革质,具长柄;营养枝上叶近戟形,全缘或 3 浅裂;花枝上叶椭圆状卵形,全缘;伞形花序单生或簇生,花小;浆果圆球形,黄色。

生态习性:喜阴,喜温暖湿润,稍耐寒,对土壤要求不严,喜湿润肥沃中性沙壤土。

常春藤

观赏特性与应用:枝叶浓密,绿化效果好。常用于垂直绿化与伏地护坡,或室内盆栽绿化,也可作为假山点缀和组盆材料。

主要栽培品种:

①日本常春藤(H. rhombea):常绿藤本。叶硬,深绿,具光泽,营养枝叶宽卵形,常三裂;花枝叶卵状披针形或卵状菱形;顶生伞形花序,黄绿色;果熟后黑色。

②金心常春藤(H. rhombea cv.):叶 3 裂,中心部嫩黄色。

③银边常春藤(H. nepalensis):常绿灌木,具星状毛;叶卵形,全缘,浅绿色,下部叶 3～7 裂,总状或圆锥花序,果黑色。

④洋常春藤(H. helix):常绿藤本,叶常 3～5 裂,花枝叶全缘,叶表深绿,背面淡绿,花梗和嫩茎上有灰白色星状毛,果实黑色。

10. 龟背竹(蓬莱蕉、穿孔喜林芋)

Monstera deliciosa Liebm 天南星科　龟背竹属

识别要点:多年生常绿草本。茎粗壮,具长而下垂的褐色气生根;叶厚革质,互生,幼叶心脏形,无穿孔,成叶矩圆形,具不规则羽状深裂,叶缘至叶脉孔裂,如龟甲图案;花如佛焰,花苞黄白色,花大如掌,内藏肉穗;浆果可食用。

生态习性:喜温暖、湿润、半阴的环境,忌阳光直射和干燥,较耐寒;对土壤要求不严格,适宜肥沃、富含腐殖质的沙质壤土。

龟背竹

观赏特性及应用：株形优美,叶片奇特,叶色浓绿,富有光泽,能净化空气。是著名的室内盆栽观叶植物,或作园林小景的配置材料,具热带风光。

11. 黄金葛

Scindapsus aureus (Linden ex Andre) Engl.
天南星科　藤芋属

识别要点：多年生蔓性。具气生根,茎节间具有沟槽;叶革质,心脏形;越往上生长的茎叶越大,向下垂悬的茎叶则变小;全株黄绿色,叶上有不规则黄金色或白色斑块,斑块的颜色因品种差异而具有不同的色彩。

生态习性：喜温暖湿润气候;喜半阴光照,怕强光直射;喜肥沃疏松的土壤。

黄金葛

观赏特性及应用：茎细软,叶娇秀,易照料,园林上常盆栽或水栽作室内装饰植物或做成垂直绿化景观。

12. 绿萝(魔鬼藤)

Epipremnum aureum (Linden et Andre) Bunting
天南星科　喜林芋属

识别要点：藤长数米,节间具气生根,生长中茎增粗,叶片越来越大;叶互生绿色,全缘心形。

生态习性：喜温暖、潮湿环境,喜疏松、肥沃、排水良好、偏酸性腐叶土。

观赏特性及应用：萝茎细软,叶片娇秀。常作为室内优良装饰植物。

绿萝

13. 合果芋(箭叶芋、白蝴蝶、箭叶)

Syngonium podophyllum cv. Albolineatum
天南星科　合果芋属

识别要点：常绿蔓状草本。根肉质,茎有气生根。叶互生,箭形或戟形,叶柄长,初生叶色淡,老叶深绿色,叶质厚。肉穗状花序,花序外有佛焰苞,内部红色或白色,外部绿色,花秋季。

生态习性：喜高温多湿和半阴环境。不耐寒,怕干旱和强光暴晒。适应性强,以肥沃疏松和排水良好的微酸性土壤为好。

观赏特性及应用：株态优美,叶形多变,色彩清

合果芋

雅,主要用作室内观叶盆栽,可悬垂、吊挂及水养,又可作壁挂装饰,大盆支柱式栽培可供厅堂摆设,室外主要种于荫蔽处的墙篱或花坛边缘,也是篱架及边角、背景、攀墙和铺地材料。其叶片也是插花的配叶材料。

主要栽培品种:

①大叶合果芋(*S. macrop*):叶心形,较大,不分裂,淡绿色。

②绿金合果芋(*S. xanthop*):叶片嫩绿色,中央具黄白色斑纹,节间较长,茎节有气生根。

③长耳合果芋(*S. auritum*):叶掌状,幼叶 3 裂,成熟叶 5 裂,中裂最大,叶厚,浓绿色,有光泽。

④绒叶合果芋(*S. wendlandii*):叶长箭形,深绿色,中脉两侧具银白色斑纹。

⑤斑叶合果芋(*S. podophyllum* cv. Variegata):叶箭形,深绿色,叶面有大小不规则的白色或黄色斑块,叶柄较短。

14. 蔓长春花

Vinca major Linn. 夹竹桃科　蔓长春花属

识别要点:常绿蔓生半灌木。<u>丛生</u>,茎枝纤细;叶对生,椭圆形或卵形,先端急尖,绿色,有光泽;花期 4—5 月,花单生于花枝的叶腋内,花冠高脚蝶状,蓝色,五裂。

生态习性:喜温暖,耐寒性强,喜半阴,喜散射光。忌湿涝,喜排水良好的土壤。

观赏特性及要点:枝繁叶茂,四季常绿,适宜半阴。常用于地被或制作花坛、花境。

花叶蔓长春

主要栽培品种:

①金边小蔓长春花:常绿小灌木,枝条蔓性。叶较小,叶缘乳白或乳黄色镶嵌。花期 5—8 月。

②花叶蔓长春花:多年生常绿草本,<u>丛生</u>,茎纤细。叶对生,有光泽,叶缘和叶脉间具金黄色和灰绿色斑纹。4—5 月开花,花单生蓝色,花冠高脚蝶状。

15. 炮仗花

Pyrostegia venusta(Ker-Gawl.)Miers
紫薇科　炮仗花属

识别要点:常绿大藤本植物。叶有腺点,卷须 3 裂;小枝具纵纹;复叶对生,卵形至卵状矩圆形;聚伞圆锥花序顶生,下垂,花冠漏斗状,橙红色,反卷。

生态习性:喜光,喜温暖高温气候,不耐寒。适宜酸性土壤。

观赏特性及应用:花朵鲜艳,花序下垂,类似炮仗。常作垂直绿化或铺地绿化材料,也可大盆栽

炮仗花

植,矮化品种可盘曲成图案形,作盆花栽培。

16. 三角梅(叶子花、九重葛)

Bougainvillea spectabilis Willd

紫茉莉科　叶子花属

三角梅

识别要点:常绿攀缘灌木。枝具刺,拱形下垂;单叶互生,被厚绒毛,顶端圆钝;花顶生,花很细小,常三朵簇生于三枚较大的苞片内,花梗与苞片中脉合生,苞片卵圆形,为主要观赏部位;苞片有鲜红色、橙黄色、紫红色、乳白色等。

生态习性:喜温暖湿润气候,不耐寒,喜光照;对土壤要求不严,耐贫瘠,耐碱,耐干旱,忌积水。

观赏特性及应用:苞片大,鲜艳如花,花期长,耐修剪。常作庭园种植或盆栽观赏,或作盆景、绿篱及修剪造型。

思考题

1. 描述 3 种你所熟悉的藤本植物的观赏特性。
2. 用检索表区别 10 种观赏性藤本植物。
3. 结合自己所见,评析观赏性藤本植物在园林绿化中的应用效果。

实训　观赏藤本识别与应用评析

一、目的要求

复习和巩固植物形态的知识,识别常见观赏藤本种类,培养和提高野外观察、识别、鉴赏和应用能力。

二、材料用具

树木标本园、花圃或公园中常见园林观赏树种,采集袋、标牌、高枝剪、手枝剪、笔记本、笔、皮尺、解剖针、刀片、扩大镜、《福建植物志》《园林观赏树木 1200 种》《中国高等植物图鉴》《中国树木志》《观赏树木》等。

✳ 三、方法步骤

（一）树种形态观测记录

主要内容包括：

1. 树木生长习性：乔木、灌木、木质藤本、常绿、落叶。
2. 树木生长状况：高度、冠幅（南北、东西）、分枝方式。
3. 叶：叶型、叶色、叶缘、毛及颜色、叶形、长度及宽度、叶脉的数量及形状。
4. 枝：枝色、枝长。
5. 皮孔：大小、颜色、形状及分布。
6. 树皮：颜色、开裂方式、光滑度。
7. 花：花形、花色、花瓣的数量、花序的种类。
8. 皮刺（卷须、吸盘）：着生位置、形状、长度、颜色、分布状况。
9. 芽：种类、颜色、形状。
10. 果实：种类、形状、颜色、长度、宽度。

（二）树种识别

1. 在老师的指导下，进行标本采集和野外记录。
2. 通过对标本的解剖和观察，描述植物的形态特征。
3. 根据植物的主要特征，利用工具书鉴定其科、属、种名，教师指导并订正。
4. 掌握识别要点，区别、熟记常见树种，或者通过编写检索表记忆和识别树种。

（三）鉴赏与应用评析

针对某植物的形态特征和生长适应性，对其观赏价值作出评价，并提出园林应用方法。

✳ 四、结果与分析

将实训过程详细记录，体现实训操作中的主要技术环节。

✳ 五、问题讨论

对实训过程的体会和存在的问题进行总结和讨论。

模块 五

竹类观赏植物识别与应用

知识目标

　　通过本模块的学习,熟悉竹类观赏植物的形态特征、生态习性、观赏特性和园林应用的基本知识。

技能目标

　　通过本模块的学习,能熟练识别竹类观赏植物,理解常见种类的观赏特性和园林应用。

1. 孝顺竹(蓬莱竹)

Bambusa multiplex (Lour.)Raeushel ex Schult. f.

禾本科　箣竹属

　　形态特征: 地下茎合轴丛生型,幼秆常具白粉及浅棕色小刺毛,分枝多,粗细相近;箨鞘厚纸质,硬脆,背面被白粉,无毛;箨耳缺或极细小;箨叶直立,狭三角形,叶披针形,背面密被短柔毛。

　　生态习性: 喜温暖湿润气候及排水良好的土壤,是丛生竹类中分布最广、适应性最强、最耐寒的竹种之一。

　　观赏特性及应用: 竹秆丛生,四季青翠;枝叶密集,梢端下垂,形似喷泉,姿态秀美。适宜宅院、草坪、角隅、路旁、建筑物前、围墙边、湖边、假山旁、河岸种植。

孝顺竹

2. 凤尾竹(观音竹、筋头竹)

Bambusa multiplex var. *nana* (Roxb)Keng f.

禾本科　箣竹属

　　形态特征: 地下茎为合轴丛生型。秆矮小细密丛生,分枝多,具叶小枝下垂,每小枝有叶9～13枚;叶片小型,长2～5 cm,宽0.4～0.7 cm,线状披针形至披针形,羽状排列。

生态习性：喜温暖湿润和半阴环境,不耐寒,不耐强光曝晒,怕渍水,宜肥沃、疏松和排水良好的酸性、微酸性土壤。

　　观赏特性及应用：株形矮小,枝叶繁密;形似凤尾,细柔婆娑;潇洒脱俗,风姿秀雅,给人以清新爽快之感。宜丛栽于河边、宅旁或配植于假山、叠石,也可用于盆栽观赏,或修剪成低矮绿篱,还可制作盆景。

凤尾竹

3. 黄金间碧玉竹(挂绿竹、黄金竹)

Bambusa vulgaris var. *striata* Gamble

禾本科　箣竹属

　　形态特征：地下茎合轴丛生型,秆大型,分枝多;节间初为鲜黄,后为金黄,间有绿色纵条纹;箨鞘硬脆,背部密被暗棕色短硬毛,易脱落;箨耳发达,暗棕色,边缘具繸毛;箨叶直立,卵状三角形。

　　生态习性：性喜温暖湿润气候,适生于疏松肥沃之沙质壤土,不耐寒。

　　观赏特性及应用：秆色金黄,黄绿相间;挺拔壮观,风姿独特。可栽植于庭园、池旁、亭际、窗前、叠石间,也可矮化处理成盆栽或制作盆景。

黄金间碧玉竹

4. 大佛肚竹(佛肚竹)

Bambusa vulgaris cv. 'Wamin'

禾本科　箣竹属

　　形态特征：地下茎合轴丛生型,多分枝;秆二型,正常秆高大,节间长,圆筒形;畸形秆节间短缩,肿胀膨大呈扁球状。箨鞘背面密被棕褐色刺毛,箨耳发达,箨叶直立。

　　生态习性：性喜温暖、湿润,不耐寒。宜在肥沃、疏松、湿润、排水良好的沙质壤土中生长。

　　观赏特性及应用：密集丛生,枝叶翠绿;秆节短缩,畸形膨大;姿态秀丽,奇异可观。适于庭院、公园、水滨等处种植,也可盆栽和制作盆景。

佛肚竹

5. 斑竹(湘妃竹)

Phyllostachys bambussoides cv. *tanakae*
禾本科　刚竹属

识别要点:单轴散生型,二分枝,竹秆初为绿色,渐次出现紫褐色或淡褐色的斑块。

生态习性:耐寒,适生于土壤深厚肥沃的地方,在黏重土中生长较差,忌排水不良。

观赏特性及应用:庭院观赏斑竹节间具紫色斑点,紫色光芒四射,适于庭园、风景区等的绿化,为我国著名观赏竹,竹秆可作工艺品和笛子。

斑竹

6. 紫竹(黑竹、乌竹)

Phyllostachys nigra (Lodd. ex Lindl.)Munro
禾本科　刚竹属

形态特征:单轴散生型,二分枝;幼秆绿色,密被短柔毛和白粉,后无毛而呈紫黑色,秆环和箨环均隆起;箨鞘红褐带绿色,无斑点或具极微小褐色斑点,密被淡褐色刺毛;箨耳镰形,有繸毛;箨舌长,紫色;箨片皱折或波状,三角状披针形。

生态习性:喜温暖湿润气候,抗寒性强,亦能耐阴,稍耐水湿,适应性较强。对土壤的要求不高,但以疏松肥沃的微酸性土壤为好。

观赏特性及应用:秆色紫黑,叶色翠绿;株态潇洒,奇特挺秀。为优良园林观赏竹种,宜植于山石之间、园路两侧、池畔水边、书斋、草坪一角和厅堂四周,亦可盆栽,供观赏。

紫竹

7. 罗汉竹(人面竹、寿星竹)

Phyllostachys aurea Carr. ex A. et C. Riviere
禾本科　刚竹属

形态特征:单轴散生,二分枝。下部节间短缩,畸形,肿胀,节环歪斜,或节下有一小段明显膨大;中部节间正常,节下有白粉环;箨鞘无毛,紫色或淡玫瑰色上有黑褐色斑点;箨叶带状披针形,下垂,皱曲。

生态习性:适应性强,适生于温暖湿润、土层深厚的低山丘陵及平原地区。耐寒性较强,能耐短时−20℃低温,不耐盐碱和干旱。

罗汉竹

观赏特性及应用：节间畸形膨大，外形奇特美观，常栽植于庭园空地观赏，也可盆栽和制作盆景观赏。

8. 龟甲竹（龙鳞竹、龟文竹）

Phyllostachys heterocycla H. de Lehaie
禾本科 刚竹属

识别要点： 单轴散生，二分枝。秆粗 5～8 cm，中下部节间缩短，呈不规则的肿胀，节环斜错，节间鼓凸呈龟甲状，又似龙鳞。叶披针形。

生态习性： 阳性，喜温湿气候及肥沃疏松土壤。易种植成活，但难以繁殖。

观赏特性及应用： 节间鼓凸，状如龟甲；刚毅坚强，形态奇特；极为罕见，叹为观止，为我国的珍稀观赏竹种，象征长寿健康。点缀园林、庭院醒目之处，也可盆栽观赏。

龟甲竹

9. 方竹（四方竹、四角竹）

Chimonobambusa quadrangularis (Fenzi) Makino
禾本科 方竹属

形态特征： 地下茎复轴混生型，3 分枝；节间略呈四方形，深绿，粗糙。秆环隆起，基部数节常具一圈刺瘤。箨鞘厚纸质，背面无毛或疏生刺毛，具多数紫色小斑点。箨叶极小，叶薄纸质，窄披针形。

生态习性： 喜光，喜温暖、湿润气候，适生于疏松肥厚、排水良好的酸性沙壤土，不耐盐碱和干旱，耐水性较强，略耐阴。

观赏特性及应用： 秆形四方，枝叶清秀；奇特潇洒，别具风韵。为园林优良观赏竹种，可植于窗前、花台中、假山旁，甚为优美。

方竹

10. 菲白竹

Sasa fortunei (van Houtte) Fiori
禾本科 赤竹属

识别要点： 植株低矮，每节具 2 至数分枝或下部 1 分枝。叶狭披针形，绿色，有黄白色纵条纹，边缘有纤毛，两面近无毛，有明显的小横脉，叶柄极短；叶鞘淡绿色，一侧边缘有明显纤毛，鞘口有数条白缘毛。

菲白竹

生态习性：喜温暖湿润气候，喜肥，较耐寒，忌烈日，宜半阴，喜肥沃疏松排水良好的沙质土壤。

观赏特性及应用：植株低矮，叶片秀美。常植于庭园观赏，或作地被、绿篱，或点缀假山，也可盆栽或制作盆景。

✳ 思考题

1. 描述 3 种你所熟悉的观赏竹类的观赏特性。
2. 用检索表区别 10 种观赏竹类。
3. 结合自己所见，评析观赏竹类在园林绿化中的应用效果。

实训　观赏竹类识别与应用评析

✳ 一、目的要求

复习和巩固植物形态的知识，识别常见观赏竹类植物，培养和提高野外观察、识别、鉴赏和应用能力。

✳ 二、材料用具

树木标本园、花圃或公园中常见园林观赏树种，采集袋、标牌、高枝剪、手枝剪、笔记本、笔、皮尺、解剖针、刀片、扩大镜、《福建植物志》、《园林观赏树木 1200 种》、《中国高等植物图鉴》、《中国树木志》、《观赏树木》等。

✳ 三、方法步骤

（一）树种形态观测记录

主要内容包括：

1. 植株生长习性：乔木、灌木、木质藤本。
2. 植株生长状况：高度、冠幅（南北、东西）。
3. 叶：叶型、叶色、叶缘、毛及颜色、叶形、长度及宽度、叶脉的数量及形状。
4. 分枝：分枝数目以及分枝角度。
5. 节间：大小、长短、颜色、形状、毛或粉的分布情况。
6. 地下茎：单轴散生、合轴散生、合轴丛生、复轴混生。
7. 竹箨：箨鞘质地、颜色，被毛的数量及种类，箨叶、箨耳及繸毛的情况。

8. 秆环：分布状况。

9. 箨环：分布状况。

10. 花序：真花序、假花序。

11. 果实：形状、颜色、长度、宽度。

（二）树种识别

1. 在老师的指导下，进行标本采集和野外记录。

2. 通过对标本的解剖和观察，描述植物的形态特征。

3. 根据植物的主要特征，利用工具书鉴定其科、属、种名，教师指导并订正。

4. 掌握识别要点，区别、熟记常见树种，或者通过编写检索表记忆和识别树种。

（三）鉴赏与应用评析

针对某植物的形态特征和生长适应性，对其观赏价值作出评价，并提出园林应用方法。

四、结果与分析

将实训过程详细记录，体现实训操作中的主要技术环节。

五、问题讨论

对实训过程的体会和存在的问题进行总结和讨论。

草本类观赏植物识别与应用

知识目标

　　草本类观赏植物主要包括一二年生花卉、球根花卉、宿根花卉、水生花卉、蕨类植物、多汁多浆类植物、草坪地被植物七个部分。通过本模块的学习,熟悉草本类观赏植物的形态特征、生态习性、观赏特性和园林应用的基本知识。

技能目标

　　通过学习,能熟练识别草本类观赏植物,理解常见种类的观赏特性和园林应用。

6.1　一二年生花卉

1. 百日草(百日菊、火球花)

Zinnia elegans Jacq. 菊科　百日草属

　　识别要点:直立草本,茎秆有毛。叶对生,无柄,卵圆形,基抱茎,全缘。头状花序单生枝顶,舌状花多轮,花瓣倒卵形,花色有黄、红、白、紫等;筒状花黄色,集中花盘中央。花期6—10月。

　　生态习性:喜温暖,不耐寒,性强健,耐旱,喜光,喜肥沃深厚的土壤。忌酷暑,忌连作,忌湿涝。

　　观赏特性及应用:花姿优美,色彩鲜艳,颜色丰富,花期较长。适宜花坛、花境、花带丛植或片植;高型种可用于切花,矮生种也常用于镶边或盆栽。

　　常见栽培品种:

　　①小花百日草(*Z. angustifolia*):株高30～45 cm,叶椭圆形至披针形,头状花序黄色或橙黄色,花径2.5～4.0 cm。分枝多,花多。

　　②细叶百日草(*Z. linearis*):株高约25 cm,叶线状披针形,头状花序金黄色,舌状花边缘橙黄色,花径约5 cm。分枝多,花多。

百日草

2. 半支莲（太阳花、午时花、龙须牡丹）

Portulaca grandiflora Hook.

马齿苋科　马齿苋属

半支莲

识别要点：肉质草本，茎细而圆，平卧或斜升。单叶互生或簇生，肉质，棒状圆柱形。花单生或簇生枝顶，花瓣 5 或重瓣，花色有白、黄、橙黄、粉红、紫红、深红、复色等。花期 6—10 月。

生态习性：性喜温暖和充足阳光，不耐寒冷，不耐水涝，喜疏松的沙质土，耐瘠薄和干旱。仅阳光下开花，阴天关闭。

观赏特性及应用：茎叶光洁，花色丰富，花期长，花量大，植株矮小。可作毛毡花坛、花境、花丛、花坛的镶边材料，也适宜栽植于石阶道、小径及岩石缝隙或作阳地地被植物，还可盆栽或装饰窗台、居室、阳台等。

3. 长春花（日日草、五瓣莲、四时春）

Catharanthus roseus （L.）G. Don

夹竹桃科　长春花属

长春花

识别要点：茎直立光滑。单叶对生，长椭圆形至倒卵状矩圆形，全缘，暗绿。聚伞花序顶生或腋生，花朵中心有深色洞眼。花冠高脚碟状，5 裂片，平展，花径 3～4 cm，花色白、粉红、紫红等。花期 5—10 月。

生态习性：喜温暖、稍干燥和阳光充足环境。不耐寒，忌湿怕涝，浇水不宜过多。宜肥沃和排水良好的土壤，耐瘠薄，忌碱性。

观赏特性及应用：株形整齐，叶片苍翠，姿态优美，花朵多，花期长，花势繁茂。适用于花坛、花境、花台、花带片植，也可庭院栽培或盆栽。

4. 虞美人（丽春花、赛牡丹）

Papaver rhoeas L. 罂粟科　罂粟属

虞美人

识别要点：直立草本，分枝纤细，全株被糙毛，有白色乳汁。单叶互生，羽状深裂，裂片披针形，缘生粗锯齿。花单生，花梗长，花蕾下垂，花后梗直立；花瓣 4 枚或重瓣，近圆形；花径 5～6 cm，有红、紫、粉、白、复色等。

生态习性：耐寒，怕暑热，喜阳光充足的环境，喜排水良好、疏松而肥沃的沙壤土。

观赏特性及应用：花蕾弯垂，亭亭玉立，花色绚丽，姿态飘逸，瓣薄如绫，光洁似绸，因风扇动，似蝶展翅，美丽动人。是晚春至初夏园林绿地优良草本花卉，宜植于花坛、花境、片植丛植林缘草地或庭院栽植，亦可盆栽观赏或作切花材料。

同属常见栽培品种：

①冰岛罂粟（*P. nudicaule*）：多年生草本，丛生。叶基生，羽裂或半裂。花单生于无叶的花葶上，深黄或白色。

②东方罂粟（*P. orientalis*）：多年生草本，茎粗壮，全身被白毛。叶羽状深裂，花径约10～20 cm，花瓣 6 枚，鲜红色，基部有紫黑色斑。

5. 地肤（地麦、扫帚草、蓬头草、孔雀松）

Kochia scoparia（L.）Schrad. 藜科　地肤属

识别要点：一年生直立草本，全株草绿色，分枝多而密，具短柔毛，茎基部半木质化。单叶互生，叶纤细，线形或条形，稠密。花小，腋生。

生态习性：喜阳光，喜温暖，不耐寒，极耐炎热，耐盐碱，耐干旱，耐瘠薄。对土壤要求不严。易自播。

观赏特性及应用：株丛紧密，枝叶纤细，叶色翠绿，株形优美。丛植用于布置庭院、花篱、花境、花

地肤

坛、草地等，也可修剪成各种几何造型绿篱，盆栽可点缀和装饰厅、堂、会场等。

6. 冬珊瑚（珊瑚樱、吉庆果、玉珊瑚）

Solanum pseudocapsicum L. 茄科　茄属

识别要点：直立小灌木状，多分枝成丛生状。单叶互生，狭长卵形。花小，白色，腋生。萼、冠各 5 裂，雄蕊 5，着生于花冠筒喉部。浆果球形，黄色至橙红色。

生态习性：喜阳光，喜温暖向阳环境，生长适温为 18～25℃，不耐旱，忌积水怕涝。要求肥沃、疏松的土壤。

冬珊瑚

观赏特性及应用：果实累累，浑圆玲珑，十分可爱。果期长，浆果经冬不落，常常老果未落，新果又生，是元旦、春节花卉淡季难得的观果花卉。园林上除盆栽观果外尚可种植于花坛中点缀，也可露地栽培，点缀庭院。

主要栽培品种：

①矮生冬珊瑚（var. nanum）：矮生，多分枝，株高很少超过 30 cm。

②珊瑚豆（var. diflorum）：幼枝及叶背沿脉有星状毛。

③橙果冬珊瑚（var. nveatherillii）：果实鲜橙色，广椭圆形，端尖。

7. 观赏辣椒(五色椒、五彩辣椒)

Capsicum frutescans var. *cerasiforme*

茄科　辣椒属

观赏辣椒

识别要点:茎直立,多分枝,半木质化。单叶互生,全缘,卵形或长卵形。花小,白色,单生叶腋。浆果红、黄、紫、橙、白、绿等色,果形有线形、樱桃形、风铃形、枣形、灯笼形等。

生态习性:喜阳光充足、温暖的环境,怕霜冻,忌高温;喜湿润、肥沃的土壤,耐肥,能自播。短日植物,光照不足会延迟结果期并降低结果率,结果期要求干燥空气,雨水多则授粉不良。

观赏特性及应用:株形大小适中,叶色鲜绿,果实形状、色彩变化丰富,果期长。常用于盆栽观赏,夏、秋季可布置花坛及花境或植于庭院,也可用于居室装饰点缀。有些品种可兼作蔬菜食用。

主要栽培品种:

①佛手椒:植株矮壮,分枝性强。果圆锥形指状,长短不定,形如佛手,长 4~5 cm,有黄、橙、红等颜色,色泽鲜艳。味甚辣,可食用。

②樱桃椒:也称五彩椒或万紫千红。植株紧凑,茎干多为紫色,叶深绿偏紫色,花紫色。果对生或散生于叶腋,球形,似樱桃,径 1 cm 左右,同株多颜色。

③朝天椒:植株挺秀,分枝稍少。果细长,长 2~3 cm,果梗直立向上,散生。果色由绿变橘红到大红。

④珍珠椒:植株矮小,分枝多,叶深绿细小。花白,果多,球形,果梗直立,果径 0.5~0.8 cm,味辣;散生,成熟前乳白色,熟后鲜红色。

栽培品种也可分为三大组:

①樱桃椒组(Cerasiforme Group)果直立,圆形,径达 2.5 cm。

②锥形椒组(Conoides Group)果直立,圆锥形、圆柱形或椭圆形,长达 5 cm。

③丛生椒组(Fassiculatum Group)果直立,多数丛生枝顶。

8. 凤仙花(指甲花、金凤花、小桃红)

Impatiens balsamina L. 凤仙花科　凤仙花属

凤仙花

识别要点:茎肉质,粗壮,直立,光滑,节处膨大。单叶互生,阔披针形,顶端渐尖,边缘有锐齿。花两性,多朵或单朵着生于叶腋内;萼片 3,花瓣 5,左右对称。花粉红、大红、紫、白、洒金等色。花期6—9月。

生态习性:喜光,怕湿,耐热不耐寒,不耐旱。适生于疏松肥沃微酸土壤,耐瘠薄。适应性较强,移植易成活,生长迅速。

观赏特性及应用:花团锦簇,花期持久,色彩艳丽;花形格外奇巧,花朵宛如飞凤,生动形象。是花坛、花境的好材料,也可作花丛和花群栽植。高型品种可栽在篱边庭前,矮型品种可盆景。可监测氟化氢等有害气体。

9. 含羞草(感应草、知羞草、怕丑草)

Mimosa pudica L. 豆科　含羞草属

识别要点:多年生草本,分枝多,散生倒刺毛和锐刺。二回羽状复叶,羽片 2~4 个,掌状排列;小叶 14~18,椭圆形,边缘及叶脉有刺毛。头状花序外观似绒球,花丝淡红色。荚果扁平,边缘有刺毛。花期 6—10 月。

生态习性:喜光,喜温暖湿润,耐半阴,不耐寒,不耐水涝,忌遮阴。对土壤要求不严,但在湿润肥沃疏松的土壤中生长良好。

含羞草

观赏特性及应用:羽叶有序,纤细秀丽,触碰即闭,花序似球,优美雅致,极富观赏性。可地栽于庭院墙角,也可盆栽观赏。

10. 茑萝(五星花、羽叶茑萝)

Quamolit pennata (Desr.) Bojer 旋花科　茑萝属

识别要点:一年生缠绕草本,茎细长光滑。单叶互生,羽状深裂,裂片线形。花腋生,每梗上着生 1 至数朵小花。花冠五浅裂,似五角星,有红色、白色及粉红色变种。花期 7—10 月。

生态习性:喜温暖,忌寒冷,怕霜冻,要求阳光充足的环境。对土壤要求不严,但在肥沃疏松的土壤上生长好。

观赏特性及应用:蔓叶纤细秀丽,妖嫩轻盈,如笼绿烟,如披碧纱;花冠深红鲜艳,形如五角红星,熠熠放光;花叶俱美,细致动人。一般用于布置矮垣短篱,或绿化阳台,也是庭院花架、花窗、花门、花篱、花墙以及隔断的优良绿化植物,还可盆栽或用作地被。

茑萝

主要栽培品种:

①圆叶茑萝(*Q. coccinea*):别名橙红茑萝。叶子如牵牛,心状卵圆形,顶端尖。花冠洋红色,喉部稍呈黄色,花多而色艳,花冠筒长约 4 cm。

②槭叶茑萝(*Q. sloteri*):别名大花茑萝、大红茑萝、掌叶茑萝。叶掌状分裂,裂片披针形,顶端长锐尖。总花梗粗大,花红至深红色,喉部白色。

③裂叶茑萝(*Q. lobata*):又称钱鱼花茑萝。叶心脏形,花冠筒长 2 cm。

11. 红绿草（五色草、五色苋）

Alternanthera bettzickiana Nichols.
苋科 虾钳菜属

识别要点：多年生草本，茎直立，多分枝，密丛状。单叶对生，椭圆状披针形，全缘，绿色，有黄斑或褐色斑，叶柄极短。头状花序，着生于叶腋，萼5片，无花瓣，花白色。另有叶淡红色或鲜红色，秋季为鲜红色。我国统称为红绿草。

生态习性：喜高温，极不耐寒，喜阳光，略耐阴，不耐夏季酷热，不耐湿，不耐旱。不择土质。生长季节喜湿润，要求排水好，高湿、高温或低温都易引起植株腐烂。

观赏特性及应用：植株低矮，枝叶茂密，叶色鲜艳，繁殖容易，耐修剪。广泛用于模纹花坛和立体绿雕，也可用于花坛、花境边缘及岩石园点缀或盆栽。

红绿草

同属常见种：红草五色苋（*A. amoena* Voss）：又名小叶红。植株极矮，叶窄，基部下延，叶暗红色或有橙色斑点。茎平卧，分枝较多。

12. 三色苋（雁来红、老来少、叶鸡冠）

Amaranthus tricolor L.苋科 苋属

识别要点：一年生草本，茎少分枝。叶互生，阔卵形或卵状椭圆形，基部叶暗绿色或暗紫色，入秋顶叶及中下叶变为红色、黄色、橙色或杂色斑纹，为主要观赏部位。

生态习性：喜温暖湿润、阳光充足及通风良好的环境，耐干旱，不耐寒，忌水涝和湿热。对土壤要求不严，但以肥沃、疏松、排水良好的沙壤土为宜。有一定的耐碱性。

观赏特性及应用：植枝高大，生长快，秋季顶叶色彩鲜艳，叶形叶色多变，是优良的观叶植物。宜作花丛、花群自然丛植，或用于布置平面毛毡花坛和立体景物花坛。也可作篱垣或在路边丛植，或大片种植于草坪之中，与各色花草组成绚丽的图案，亦可盆栽观赏或作切花。

三色苋

13. 红叶苋(血苋)

Iresine herbstii Hook. f.苋科　红叶苋属

识别要点：一年生草本，茎直立，少分枝。茎及叶柄均带紫红色。叶对生，卵圆形至圆形，全缘，叶紫红色或绿黄色。叶脉红色或黄色，侧脉弧状弯曲。花小，淡褐色。园艺变种有黄斑红叶苋、尖叶红叶苋。

生态习性：喜温暖湿润，耐阴，过分阴暗易徒长且叶色不良。畏寒冷，耐干热环境和瘠薄土壤，忌湿涝。在阳光充足、疏松肥沃、排水良好的沙质壤土中生长良好。生长适温为 $15\sim26℃$ 。

红叶苋

观赏特性及应用：全株紫红色，叶片色泽光亮，叶脉黄色或红色，叶色艳丽，十分耐看。适宜与五色苋类或浅色花卉配置花坛、花境，也可盆栽观叶。

14. 鸡冠花(红鸡冠、鸡冠、大头鸡冠)

Celosia cristata L.苋科　青葙属

识别要点：茎直立粗壮，单叶互生，长卵形或卵状披针形，全缘。肉穗状花序顶生，扁平鸡冠形。整个花序有白、淡黄、金黄、淡红、火红、紫红、橙红等色。花期 6—10 月。胞果卵形，种子黑色有光泽。

生态习性：喜阳光充足、炎热和空气干燥的环境，忌积水，较耐旱，不耐寒怕霜冻，不耐瘠薄，喜疏松肥沃和排水良好的土壤。

观赏特性及应用：花序顶生，显著，形状色彩多样，鲜艳明快，是重要的花坛花卉。高型品适用于花境中景、花坛中心或点缀树丛外缘，还可用作切花、干花等；矮型品种适于花坛镶边、色带、色块栽植及摆放。对二氧化硫、氯化氢等有害气体有良好的抗性，可起到绿化、美化和净化环境的多重作用。

鸡冠花

主要栽培品种：

①矮鸡冠(cv. Nana)：植株矮小，高仅 15～30 cm。

②凤尾鸡冠(cv. Pyramidalis)：金字塔形圆锥花序，花色丰富鲜艳，叶小分枝多。

③圆锥鸡冠(cv. Plumosa)：花序呈卵圆形或呈羽绒状，具分枝，不开展，为中型品种。

15. 千日红（百日红、火球花）

Gomphrena globosa L. 苋科　千日红属

识别要点：直立草本，全株被白色柔毛。叶对生，全缘，长圆形至椭圆形，叶柄短或无柄。头状花序顶生，椭圆状球形；花小而密生，苞片膜质紫红色，干后不褪色。有粉红、乳白或白色品种。花期5—10月。

千日红

生态习性：喜温暖，喜光，喜炎热干燥气候和疏松肥沃、排水良好的土壤，不耐寒。生长势强盛，对肥水、环境要求不严，管理简便。

观赏特性及应用：植株低矮，膜质苞片干而不凋，色彩鲜艳亮丽。可作夏秋季花坛、花镜、路边丛植应用，也可大片种植于草坪之中，还可作盆栽、切花、干花装饰，或制作花篮、花圈等。对氟化氢敏感，是氟化氢的监测植物。

16. 三色堇（蝴蝶花、人面花、猫脸花）

Viola tricolor L. 堇菜科　堇菜属

识别要点：株高15～25 cm，多分枝。叶互生，基生叶有长柄，近圆心形；茎生叶卵形或阔披针形，边缘具圆钝锯齿；托叶大。花顶生或腋生，花梗细长，花五瓣，蝴蝶状，有紫、白、黄三色，萼片绿色宿存。花期3—5月。

三色堇

生态习性：较耐寒，喜凉爽，喜光，耐半阴，忌高温多湿。喜肥沃、排水良好、富含有机质的中性壤土或黏壤土。

观赏特性及应用：植株低矮，色彩丰富，花朵别致，如翻飞的蝴蝶。宜植于花坛、花境、花池、岩石园、野趣园、自然景观区树下，也可用于台阶、墙角、容器等进行庭院点缀，还可作小盆栽观赏，作为冬季或早春摆花用。

17. 一串红（爆竹红、西洋红）

Salvia splendens Ker-Gawl. 唇形科　鼠尾草属

识别要点：茎直立，四棱形。叶对生，有柄，卵形至阔卵形，缘具锯齿。轮伞状总状花序顶生，花冠唇形，萼钟形，宿存，与花冠同为鲜红色。变种有白色、粉色、紫色等。花期7—10月。

生态习性：喜温暖和阳光充足环境。不耐寒，耐半阴，忌霜雪和高温，怕积水和碱性土壤，喜疏松、肥沃和排水良好的沙质壤土。

观赏特性及应用：植株整齐，花色红艳，花序修长，花期长，像一串串红炮仗。常用于布置花坛、花境、阶前、屋旁或花台，也可作花丛、花群的镶边或成片丛植于草坪之中，构成"万绿丛中一点红"的景象，还可用于盆栽观赏或作切花。

同属常见种：

①红花鼠尾草（*S. coccinea* L.）：叶长心形微皱，全株有毛，花冠鲜红色，总状花序顶生，花似一串红而小。

②粉萼鼠尾草（*S. farinacea* L）：全株被细毛，茎直立，多分枝，叶卵圆形至长披针形，花朵蓝色、浅蓝、紫色或灰白色。

一串红

18. 彩叶草（锦紫苏、五彩苏）

Coleus blumei Benth. 唇形科　鞘蕊花属

识别要点：全株有毛，茎四棱形，直立多分枝，基部木质化。单叶对生，卵圆形，先端长渐尖，叶缘具钝齿牙，叶面有淡黄、桃红、朱红、紫等色彩鲜艳的斑纹。顶生总状花序，花小、白色、浅蓝色或浅紫色。花期夏、秋季。

生态习性：喜温暖、湿润、阳光充足环境，耐暑热，不耐寒，耐半阴。喜肥沃、湿润的中性沙壤土。适应性强，冬季温度不低于10℃，夏季高温时稍加遮阴，光线充足能使叶色鲜艳。

观赏特性及应用：植株紧密，叶片色彩斑斓，娇艳多变，观赏期长，品种丰富，是花坛、花境、花带、花丛的理想材料，还可作配置图案应用或镶边。也可盆栽观赏，同时是室内优良小型观叶植物。切叶可用于花篮、花环、花束。

彩叶草

19. 石竹（中华石竹、洛阳花）

Dianthus chinensis L. 石竹科　石竹属

识别要点：茎直立，节膨大，多分枝。单叶对生，条状披针形，灰绿，基部抱茎。花单朵或数朵簇生于茎顶，形成聚伞花序，芳香，有紫红、粉红、紫红、白、杂色等，花期5—9月。蒴果矩圆形或长圆形；种子扁圆形，黑褐色。

生态习性：耐寒，耐旱，不耐酷暑。喜阳光充足、干燥、通风及凉爽湿润气候。对土壤要求不严，

石竹

但喜肥沃、疏松、排水良好及含石灰质的壤土或沙质壤土,忌水涝,好肥。

观赏特性及应用:株形低矮,茎秆似竹,叶丛青翠,花朵繁茂,观赏期长,花色五彩缤纷,变化万端。适用于花坛镶边、花境前景配植、花台栽植、坡地片植,道路绿化色带和色块栽植,也可用于岩石园、庭院和草坪边缘点缀,或作景观地被大面积成片栽植,切花或盆栽观赏亦佳。另外石竹能吸收 SO_2 和 Cl_2。

同属常见种:

①少女石竹(*D. deltoides* L.):植株低矮,具匍匐生长特性。叶小而短,灰绿色,花单生茎顶,具长梗,有须毛,喉部常有一"V"形斑,花色多,具芳香。

②常夏石竹(*D. plumarius* L.):茎叶有白粉,叶厚,对生。花顶生 2～3 朵,芳香,花色多,有半重瓣、重瓣及高型品种。

③须苞石竹(*D. barbatus* L.):又名美国石竹、五彩石竹。头状聚伞花序,多花,苞片先端须状,花瓣上有环纹斑点。

④香石竹(*D. caryophyllus* L.):又名康乃馨。叶厚线形,对生。茎叶粗壮,被白粉。花大,具芳香,单生、2～3 朵簇生或成聚伞花序;花瓣不规则,边缘有齿,单瓣或重瓣,有红、粉、黄、白等色。

 ## 20. 万寿菊(臭芙蓉、万寿灯、臭菊花)

Tagetes erecta L. 菊科　万寿菊属

识别要点:全株有臭味,茎粗壮,绿色,直立。单叶对生或互生,羽状全裂,裂片披针形,具锯齿。头状花序顶生,黄或橙黄色,花序梗上部膨大,花期 5—10 月。

生态习性:喜阳光充足的环境,适应性强,稍耐寒,耐干旱,在多湿的气候下生长不良。对土地要求不严,但以肥沃疏松排水良好的土壤为好。

观赏特性及应用:花大色艳,花期长,常用于庭院栽培观赏,或布置花坛、花境及林缘群植,也可用于切花。矮型品种分枝性强,花多株密,可上盆摆

万寿菊

放或移栽于花坛,拼组图形等;中型品种花大色艳,花期长,管理粗放,是草坪点缀花卉的主要品种之一;高型品种花朵硕大,色彩艳丽,花梗较长,可作带状栽植篱垣,也可作背景材料或为优良的鲜切花材料。

同属常见种:孔雀草(*T. patula*):又名小万寿菊、红黄草。高 20～40 cm,茎多分枝,细长而晕紫色,舌状花黄色,基部有紫斑。花色多为黄色、橘红色。全株臭味更浓。

21. 雏菊(长命菊、太阳菊、春菊)

Bellis perennis L. 菊科　雏菊属

识别要点:植株矮小,叶簇生,匙形。头状花序单生,高出叶面。外轮舌状花条形,白、粉、红、紫等色,筒状花黄色。花期 3—6 月。

生态习性：喜冷凉，较耐寒；怕炎热，喜光，也耐阴；对土壤要求不严，但以疏松肥沃、湿润、排水良好的沙质土壤为好，耐瘠薄。

观赏特性及应用：植株娇小玲珑，花色丰富，为春季花坛常用花材，也是优良的花带和花境花卉，可用于路边、草坪边缘、树丛周围及路旁群植，也可盆栽观赏。

雏菊

22. 金盏菊（金盏花、黄金盏、长生菊）

Calendula officinalis L. 菊科　金盏菊属

识别要点：全株被毛。单叶互生，长椭圆形，全缘，基生叶呈匙形，有柄，茎生叶基抱茎。头状花序单生茎顶，形大，舌状花多轮平展，有黄、橙、橙红、白、金黄等色，筒状花黄或褐色。花期2—6月。

生态习性：喜阳光充足环境，怕炎热。适应性很强，生长快，较耐寒，不择土壤，能耐瘠薄干旱土壤及阴凉环境。

观赏特性及应用：植株矮生，花朵密集，花色鲜艳夺目，花期又长，是早春园林中常用的草本花卉，适用于中心广场、花坛、花带布置，也可作为草坪的镶边花卉或盆栽观赏。长梗大花品种可用于切花。

金盏菊

23. 瓜叶菊（千日莲、富贵菊、黄瓜花）

Senecio cruentus DC. 菊科　千里光属

识别要点：茎直立，全株被微毛。叶柄长，叶大，心状卵形至心状三角形，缘具波状或多角齿。花顶生，头状花序多数聚合成伞房花序，花序密集覆盖于枝顶，花有蓝、紫、红、粉、白或镶色。花期1—4月。

生态习性：喜温暖、湿润、阳光充足环境。不耐高温和霜冻。好肥，喜疏松、排水良好的土壤，怕雨涝。

观赏特性及应用：叶似瓜叶，花相整齐，花形丰满，花团锦簇，花色丰富，是冬春时节主要的观花植

瓜叶菊

物之一。可作花坛、花境栽植或盆栽布置厅堂会场等，或于庭廊过道处摆放，也可用多盆成行组成图案布置宾馆内庭或会场、剧院前庭。

主要栽培品种：

①大花型：株形紧凑，高约30 cm，花朵密集生于叶片之上，头状花序径4～8 cm。

②星花型：高60～100 cm，株形松散，头状花序小，径约2 cm。

③中间型：介于上述二者之间的类型，高约40 cm，头状花序径3～4 cm。

24. 羽衣甘蓝（花包菜）

Brassica oleracea var. *acephala* f. *tricolor* Hort.
十字花科　芸薹属

识别要点：茎短缩，叶基生，大而肥厚，被有白粉，边缘深度波状皱褶，呈鸟羽状。内叶不包心结球，呈黄白、紫红、黄绿等色。花序总状，花淡黄色。

生态习性：喜冷凉气候，极耐寒，可忍受多次短暂的霜冻；耐热，生长势强，栽培容易；喜阳光，耐盐碱，喜肥沃土壤。

观赏特性及应用：观赏期长，叶色艳丽，形如牡丹，是著名的冬季露地草本花卉。用于布置冬春季花坛、花境，也可用于花带、色块栽植等，或镶边和组成各种美丽的图案，还可盆栽观赏。

羽衣甘蓝

25. 矮牵牛（矮喇叭、碧冬茄）

Petunia hybrida Vilm. 茄科　碧冬茄属

识别要点：茎稍直立或匍匐，全株被短毛。单叶互生，上部叶对生，卵形，全缘，近无柄。花单生叶腋或顶生，花较大，漏斗状，有白和深浅不同的红色、紫色及复色、间色镶边等品种。花萼 5 深裂，雄蕊 5 枚。花期 4—10 月。

生态习性：喜温暖和阳光充足的环境。不耐霜冻，怕雨涝。宜用疏松肥沃和排水良好的沙壤土。

观赏特性及应用：花色丰富，花朵硕大，色彩鲜艳，花形变化多，花期较长，是重要的盆栽和花坛植物。可广泛用于花坛、花境、花台、花带或片植，也可作自然式丛植或大面积栽培。垂悬品种可用于盆栽、吊盆、花钵及立体装饰等。

矮牵牛

26. 旱金莲（金莲花、旱莲花）

Tropaeolum majus L. 金莲花科　旱金莲属

识别要点：蔓性草本花卉，茎肉质中空，浅灰绿色。单叶互生，具长柄，盾状圆形，全缘波状。花腋生，花梗长；花萼 5 片，其中一片向后延伸成距；花瓣 5 枚，有紫红、橘红、乳黄等色。花期 7—9 月。

生态习性：性喜温暖、湿润，忌夏季高温酷热，不耐涝，不耐寒，极易栽培。喜肥沃、排水良好的土壤。

旱金莲

观赏特性及应用:花叶俱美,叶似碗莲,花如群蝶飞舞,株丛丰满,扩展力强。是良好的花境前缘植物,也可成片摆放于花坛、花槽或自然式种植,栽于栅篱、灌丛间或点缀岩石园,亦可盆栽装饰阳台、窗台或置于高几上自然悬挂。

6.2　宿根花卉

1. 大花君子兰(箭叶石蒜、达木兰)

Clivia miniata Rege. 石蒜科　君子兰属

识别要点:根肉质,茎粗短。叶二列状,扁平宽大,带状,交叠互生,表面深绿色,有光泽,革质全缘。伞形花序顶生,花葶粗壮直立,花被片 6 枚,2轮,漏斗形,有橙黄、橙红、鲜红、深红、橘红等色。浆果球形。

生态习性:性喜温暖湿润和半阴环境,不耐寒,忌高温酷暑,要求疏松肥沃、排水良好、富含腐殖质的微酸性沙壤土。

观赏特性及应用:碧叶常青,端庄大方;花亭亭玉立,仪态文雅,色彩绚丽。盆栽可布置会场,点缀宾馆,美化家庭环境。花葶也是切花的好材料。

同属其他种:垂笑君子兰(*C. nobilis* Lindl.):叶片细窄,花葶直立,花序下垂。花期长。

大花君子兰

2. 吊兰(桂兰、钩兰)

Chlorophytum comosum Baker. 百合科　吊兰属

识别要点:根肉质,成株丛生状,根茎短。叶基生,线形至条状披针形,花葶从叶丛抽出,细长而弯曲。花小白色,花茎上着生 1~6 朵小花。花后变成匍匐茎,顶部萌生出带气生根的新植株。花期3—4 月。

生态习性:性喜温暖、湿润和半阴的环境。忌烈日曝晒。宜生长在肥沃、疏松、排水良好的沙壤土。不耐旱,怕水涝。

吊兰

观赏特性及应用:叶色青翠,四季常绿,叶片窄长,细长柔软,美丽清秀,走茎拱垂,是优良的观叶花卉。吊兰特殊的外形可构成独特的悬挂景观和立体美感,起到别致的点缀效果,常用于布置立体花坛、花境或室内几案、书橱装饰,也可水培观赏;此外具有极强的吸收有毒气体的功能,是良好的室内净化空气花卉。

主要栽培品种:

①金边吊兰(var. marginatum):叶缘金黄色,绿叶的边缘两侧镶有黄白色的条纹。

②银心吊兰(var. mediopictum):叶片沿主脉具黄白色宽纵纹。

③宽叶吊兰(C. elatum):株形较大,叶片较宽大。

3. 豆瓣绿(椒草、翡翠椒草)

Peperomia magnoliaefolia(L. f.) A. Dietr.
胡椒科 草胡椒属

豆瓣绿

识别要点:茎圆,分枝淡绿色带紫红色斑纹。叶互生,稍肉质,椭圆形,浓绿色,有光泽,叶柄短。穗状花序,小花绿白色,总花梗比穗状花序短。果实具弯曲锐尖的喙。

生态习性:喜温暖、湿润和半阴环境,较耐干旱,耐阴能力强,不耐寒,不耐高温,要求较高的空气湿度,忌阳光直射。喜疏松肥沃、排水良好的湿润土壤。

观赏特性及应用:叶片肥厚,光亮翠绿,四季常青,株形美观,小巧玲珑,适合小盆种植,是家庭和办公场所理想的美化观叶植物,常用于布置窗台、书案、茶几等处。其蔓性种类又为理想的悬吊植物,可悬吊于室内窗前、浴室处。在荫蔽下生长繁茂,故又为地被和岩石园观赏植物。

常见的栽培变种有:

①花叶豆瓣绿(P. a. cv. Variegata):叶面具白色斑纹。

②三色椒草(P. a. cv. Tricolor):叶片倒卵形,叶片中脉附近为绿色,叶边为黄绿色,叶缘有细的红色镶边。

4. 非洲菊(太阳花、扶郎花、日头花)

Gerbera jamesonii Bolus. 菊科 非洲菊属

非洲菊

识别要点:全株具细毛,多数叶基生,叶柄长,长圆状匙形,羽状浅裂或深裂。头状花序单生,花梗长,总苞盘状,钟形,舌状花瓣1～2或多轮呈重瓣状,有红、白、黄、橙、紫等色,筒状花与舌状花同色或不同色。

生态习性:喜冬暖夏凉、空气流通、阳光充足的环境,不耐寒,忌炎热。喜肥沃疏松、排水良好、富含腐殖质的沙质壤土,忌黏重土壤,宜微酸性土壤。

观赏特性及应用：花朵大，花枝挺拔，花色艳丽，水插时间长，切花率高，为世界著名十大切花之一。也可布置花坛、花境或温室盆栽作为厅堂、会场等装饰摆放。

5. 广东万年青（亮丝草）

Aglaonema modestum Schott ex Engler. 天南星科　广东万年青属

广东万年青

识别要点：具地下根茎，茎直立有节不分枝。单叶互生，长椭圆形或长卵形，绿色，全缘薄革质。肉穗花序生于茎端叶腋间，佛焰苞白色。浆果球形，红色。

生态习性：性喜半阴、温暖、湿润、通风良好的环境，耐阴性强，忌阳光直射，忌积水。以富含腐殖质、疏松透水性好的沙质壤土最好。

观赏特性及应用：叶片宽大，四季翠绿，植株繁茂，特别耐阴。是布置自然式园林和岩石园的优良材料，可布置森林公园的林间花坛、花径及别墅种植，也适用于盆栽点缀厅室或瓶插水养。

主要栽培品种：

①金边万年青（var. marginata）：叶片为黄色边缘；

②银边万年青（var. variegata）：叶片为白色边缘。

6. 海芋（野芋、观音芋、滴水观音）

Alocasia macrorrhizos（L.）Schott. 天南星科　海芋属

海芋

识别要点：根状茎粗大，圆柱形，有节，常生不定芽。叶阔大，宽卵形，螺旋状排列；叶柄长粗大，叶稍肉质，表面光亮，绿色。肉穗花序，佛焰苞白绿色，雌花序圆柱形。浆果红色。花期4—7月。

生态习性：喜高温、潮湿，耐阴，不宜强风吹，不宜强光照，适合大盆栽培，生长十分旺盛、壮观，有热带风光的气氛。

观赏特性及应用：茎粗高，叶大而肥，翠绿盾形，株态优美，富有热带情调，是难得的大型观叶植物。适合大盆栽植布置会议室、大客厅等，也可栽植在池边、假山旁等荫蔽处，是传统的园林配置花卉。

7. 白掌（和平芋、白鹤芋）

Spathiphyllum floribundum 天南星科　苞叶芋属

识别要点：多年生常绿草本，根茎短。叶片长椭圆形，叶面深绿，具细长叶柄，叶脉明显。

肉穗花序直立,高出叶丛,芳香,佛焰苞白色,稍向内翻卷。花期3—10月。

　　生态习性:喜高温、高湿、半阴环境。生长适温为20～28℃。不耐寒,怕烈日直照。要求较高空气湿度和肥沃、疏松、排水良好的沙壤土。忌干旱,畏水涝。

　　观赏特性及应用:四季青翠,花朵洁白,给人以清凉舒适的感受,加之极适应室内环境,病虫害少,栽培管理简单,是深受欢迎的室内盆栽花卉,适于装饰客厅、书房等。

　　主要栽培品种:

　　①大银苞芋(cv. Maura Loa):株丛较整齐,高50～60 cm。叶长圆状披针形,鲜绿色,叶脉下陷,花期长,佛焰苞长椭圆形,白色后变为绿色。

　　②白鹤芋(cv. Clevelandii):又名和平芋。茎极短,叶片狭。花序高出叶丛,直立,开花繁多,佛焰苞白色。

白掌

8. 红掌(大叶花烛、哥伦比亚花烛、红鹤芋)

Anthurium andraeanum Lind. 天南星科　花烛属

　　识别要点:根肉质,茎极短或无。叶具长柄,单生,卵心形,鲜绿色,叶基凹心形或戟形。花腋生,佛焰苞蜡质,圆形至卵圆形,有鲜红、粉红、白等色;肉穗花序圆柱状,直立,白或黄色。四季开花。

　　生态习性:喜温暖、潮湿和半阴的环境,但不耐阴,喜阳光而忌阳光直射,不耐寒,喜肥沃、疏松、排水良好的沙壤土,忌盐碱。盆栽宜选用排水良好的基质,如泥炭土、椰糠和珍珠岩等。

　　观赏特性及应用:叶形秀美,叶色翠绿;佛焰苞肥厚硕大,色彩艳丽,覆有蜡层,光亮如漆;肉穗花序柱状,挺立于佛焰苞上,宛如彩色的烛台,十分美丽而新奇。全年开花不断,是世界名贵的花叶兼备花卉,可作大型盆栽或切花,也可水养。

红掌

9. 鹤望兰(天堂鸟、极乐鸟)

Strelitzia reginae Banks. 旅人蕉科　鹤望兰属

　　识别要点:常绿宿根草本。根粗壮肉质,茎不明显。叶基生,两侧排列,长椭圆形或长椭圆状卵形,叶柄较长,中央有纵槽沟。花梗与叶近等长,花序外有总佛焰苞片,绿色,边缘晕红,着花6～8朵,花冠形似仰首伸颈的仙鹤。花期春、夏或夏、秋。

　　生态习性:喜温暖湿润气候,怕霜雪。喜光植物,冬季需充足阳光,夏季强光时稍遮阴。土壤要求疏松、肥沃,排水要好。

观赏特性及应用：叶大姿美，四季常青。花形奇特，花色艳丽，盛开时整个花序如仙鹤翘首远望，极富观赏性。可盆栽摆放于宾馆、接待大厅和大型会议室点缀厅堂或作室内装饰，也可丛植院角，点缀花坛中心或作为重要切花。

主要栽培品种：

①白花天堂鸟（*S. nicolai*）：大型盆栽植物，丛生状。叶大，叶柄长 1.5 m，叶片长 1 m，基部心脏形。6—7 月开花，花大，花萼白色，花瓣淡蓝色。

②无叶鹤望兰（*S. parvifolia*）：株高 1 m 左右，叶呈棒状。花大，花萼橙红色，花瓣紫色。

鹤望兰

 10. 蝴蝶兰

Phalaenopsis aphrodite Rchb. f. 兰科　蝴蝶兰属

识别要点：单茎性附生兰，茎短。叶宽大，稍肉质，长椭圆形。花序由叶腋中抽出，稍弯曲，长短不一，常具数朵由基部向顶端逐朵开放的花。花大，形如蝴蝶，萼片长椭圆形，唇瓣先端三裂，基部黄红色，花色繁多。花期 4—6 月。

生态习性：喜高温、高湿、通风透气的环境，不耐涝，耐半阴环境，忌烈日直射，越冬温度不低于 15℃。

观赏特性及应用：花姿婀娜，花形如彩蝶飞舞，花色高雅繁多，颜色华丽，为热带兰中的珍品，有"兰中皇后"之美誉，是极佳的观花种类。常作盆栽观赏，摆设于宾馆、高级宴会厅等室内作装饰或用于插花。

蝴蝶兰

主要栽培品种：

①小花蝴蝶兰：花朵稍小。

②台湾蝴蝶兰：叶大，扁平，肥厚，绿色，并有斑纹。花径分枝。

③斑叶蝴蝶兰：别名席勒蝴蝶兰。叶大，长圆形，长 70 cm，宽 14 cm，叶面有灰色和绿色斑纹，叶背紫色。花多，花径 8~9 cm，淡紫色，边缘白色。花期春、夏季。

④曼氏蝴蝶兰：别名版纳蝴蝶兰。叶长 30 cm，绿色，叶基部黄色。萼片和花瓣橘红色，带褐紫色横纹。唇瓣白色，3 裂，侧裂片直立，先端截形，中裂片近半月形，中央先端处隆起，两侧密生乳突状毛。花期 3—4 月。

⑤阿福德蝴蝶兰：叶长 40 cm，叶面主脉明显，绿色，叶背面带有紫色。花白色，中央常带绿色或乳黄色。

⑥菲律宾蝴蝶兰:花茎长约 60 cm,下垂。花棕褐色,有紫褐色横斑纹,花期 5—6 月。

⑦滇西蝴蝶兰:萼片和花瓣黄绿色,唇瓣紫色,基部背面隆起呈乳头状。

11. 卡特兰(嘉德利亚兰、卡特利亚兰)

Cattleya hybrida 兰科 卡特兰属

识别要点:附生兰,茎呈棍棒状或圆柱状。叶片 1～3 枚,长圆形,革质,叶厚。花单朵或数朵着生于假鳞茎顶端,花大,有特殊的香气。花色白、黄、橙红、深红、紫红和复色等。萼与瓣相似,唇瓣 3裂,基部包围雄蕊下方,中裂片伸展而显著。

生态习性:喜温暖湿润半阴环境,不耐寒,忌强光直射。生长期需较高的空气湿度,适当施肥和通

卡特兰

风。冬季夜温需保持在 15℃左右,白天 20～25℃,保持大的昼夜温差,不可昼夜恒温,更不能夜温高于昼温。

观赏特性及应用:花大色艳,花姿活跃,花色变化丰富,富丽堂皇,绚丽夺目,常用于喜庆宴会上作插花观赏。如用卡特兰、蝴蝶兰为主材,配以文心兰、玉竹、文竹瓶插,鲜艳雅致,有较强节奏感;若以卡特兰为主花,配上红掌、丝石竹、多孔龟背竹、熊草,则显轻盈活泼。也作盆栽摆设观赏。

12. 虎尾兰(虎皮兰、千岁兰)

Sansevieria trifasciata Prain. 龙舌兰科 虎尾兰属

识别要点:多年生常绿草本,有匍匐地下根状茎。叶簇生,自根状茎顶抽出,剑状,直立厚革质,下部筒形,中上部扁平;叶全缘,叶面具乳白、淡黄、深绿相间的横带状斑纹,似虎尾状。花从根茎单生抽出,总状花序着花 3～5 朵,花淡白、浅绿色。

生态习性:性强健,喜温暖阳光充足环境,耐阴,耐干旱,不耐严寒,忌水涝,在排水良好的沙质壤土中生长健壮。

观赏特性及应用:剑叶挺直,斑纹美观,适应性强,管理方便,是良好的观叶植物,适合庭园美化或盆栽观赏,用于布置厅堂、会场等。尤其小型彩叶品种,小巧玲珑,斑纹醒目,是室内盆栽的珍品,可陈设于窗台、案头和几案上。叶片可作为插花的配叶。

主要栽培品种:

①金边虎尾兰:叶缘金黄色,宽 1～1.6 cm,中部浅绿色,有暗绿色横向条纹。

金边虎尾兰

②短叶虎尾兰：植株低矮，叶片簇生，繁茂，叶片由中央向外回旋而生，彼此重叠，形成鸟巢状。叶片短而宽，浓绿，叶缘两侧均有较宽的黄色带，叶面有不规则的银灰色条斑。

③银边短叶虎尾兰：叶短，银白色，具有不明显横向斑纹。

④金边短叶虎尾兰：叶缘黄色带较宽，约占叶片一半，叶短，阔长圆形，莲状排列。

⑤银脉虎尾兰：表面具纵向银白色条纹。

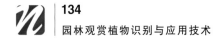 13. 菊花（黄花、秋菊）

Dendranthema morifolium (Ramat.) Tzvel. 菊科　菊属

识别要点：茎直立多分枝，被灰色柔毛。单叶互生，卵圆至长圆形，边缘有缺刻及锯齿。头状花序顶生或腋生，具香气；花序大小及花色变化很多；花序边缘为舌状雌花，中间部分为筒状两性花，能形成种子。

生态习性：适应性强，对气候与土壤条件要求不严。喜凉爽，较耐寒，生长适温为 18～21℃；耐旱，忌积涝，忌连作，喜地势高、土层深厚、富含腐殖质、疏松肥沃、排水良好的土壤。

观赏特性及应用：我国十大名花之一，有千姿百态的花朵、姹紫嫣红的色彩和清隽高雅的香气，尤其在百花纷纷枯萎的秋冬季节，不畏寒冷，傲霜怒放，广泛用于花坛、花境、花丛、地被、盆花和切花等。

菊花

主要栽培品种：

①春菊：花期 4 月下旬至 5 月下旬。

②夏菊：花期 6—9 月，中性日照，10℃左右花芽分化。

③秋菊：花期 10 月中旬至 11 月下旬，花芽分化、开花都要求短日照条件，15℃以上花芽分化。

④寒菊：花期 12 月至翌年 1 月，花芽分化、开花都要求短日照条件，15℃以上花芽分化，高于 25℃花芽分化缓慢，花蕾生长、开花受抑制。

⑤四季菊：四季开花，中性日照，对温度要求不严。

14. 冷水花（透明草、花叶荨麻、白雪草、铝叶草）

Pilea cadierei 荨麻科　冷水花属

识别要点：茎丛生多分枝，节间膨大，肉质无毛。单叶对生，卵状椭圆形，缘具浅牙齿；基出脉 3 条。叶面脉间有银白色斑纹或斑块，有光泽。花聚伞状，腋生，白色，雌雄异株。花期 7—9 月。

生态习性：耐寒，性喜温暖、湿润的气候，生长适宜温度为 15～25℃，冬季不可低于 5℃。怕阳光曝晒。对土壤要求不严，但喜疏松肥沃的沙土。能耐弱碱，较耐水湿，不耐旱。

冷水花

观赏特性及应用：株丛小巧素雅，叶色绿白分明，纹样美丽，翠绿可爱。可作林下地被，常小块或成行种植于树荫下、建筑物北面、滨水湿地或流水旁，作铺地植物；也可用于室内盆栽和吊盆观赏，陈设于书房、卧室，还可水养或作切花配叶。

主要栽培品种：

①泡叶冷水花（P. nummulariifolia）：植株匍匐蔓延，分枝细而多，节处着地极易生根。叶圆形，淡绿色，叶表有泡状突起。

②皱叶冷水花（P. mollis）：叶十字形对生，叶脉褐红色，叶面主色为黄绿色，叶面起波皱。

③银叶冷水花（P. spruceana）：叶浓绿色，中央有一条美丽的银白色条斑，由叶基直达顶端。

15. 旅人蕉（旅人木、扇芭蕉）

Ravenala madagascariensis Adans. 旅人蕉科　旅人蕉属

识别要点：常绿乔木状多年生草本。干直立，叶两纵列互生于茎顶，长椭圆形，形如蕉叶，叶柄长。穗状花序腋生，花序轴有 5～6 枚佛焰苞，总苞片船形，排列成蝎尾状聚伞花序。花萼 3 枚革质；花瓣 3 枚，白色，几乎与花萼片相似。蒴果形似香蕉，果皮坚硬。

生态习性：喜光，喜高温多湿气候，夜间温度不能低于 8℃。要求疏松、肥沃、排水良好的土壤，忌低洼积涝。

观赏特性及应用：高大挺拔，亭亭而立，叶片硕大，状如芭蕉，左右排列，对称均匀，姿态优美，极富热带风光情趣。适宜在公园、庭园、草坪、水滨、花坛中央、风景区等处种植；也可小片种植成蕉林，形成热带特有景观；用大盆栽植，可布置主会场、大型会议室、展厅、候机室等处。

旅人蕉

16. 四季秋海棠（虎耳海棠、玻璃翠）

Bedding semperflorens Link et Otto. 秋海棠科　秋海棠属

识别要点：茎直立，多分枝，肉质，绿色，节部膨大多汁。叶互生，卵形或宽卵形，缘具锯齿，绿色或带淡红色。花顶生或腋生，单性，聚伞花序，白、粉、红等色。花期四季。

生态习性：喜温暖、湿润和阳光充足环境。怕寒冷，怕热及水涝，生长适温为 18～20℃。对光照的适应性较强，既能在半阴环境下生长，又能在全光照条件下生长。开花整齐，花色鲜艳。

观赏特性及应用：株姿秀美，叶色油绿光洁，花

四季秋海棠

朵成簇,玲珑娇艳,四季开放,稍带清香。花期长,花色多,变化丰富,花叶俱美。除盆栽观赏以外,较多用于花坛、花丛、花台种植,也可盆栽用于室内家庭书桌、茶几、案头、橱窗等装饰。

主要栽培品种:

①竹节秋海棠:半灌木,无毛,茎节明显肥厚,呈竹节状。叶偏歪长,椭圆状卵形。叶表面绿色,有多数白色小圆点;叶背面红色,边缘波浪状。假伞形花序,下垂,长约 12 cm,花暗红或白色。夏秋开花,花期长。

②枫叶秋海棠:又叫裂叶秋海棠。根茎粗短,叶柄长,有粗毛。叶圆形,5～9 掌状深裂,深达叶片中部。叶面暗绿色有彩纹,叶背色淡。叶脉有毛。花白色带红晕。

③毛叶秋海棠:根茎肉质,粗短平卧。叶柄有毛,卵圆形;叶面暗绿色,有皱纹和不规则的银白色环纹,叶背紫红色。叶脉多毛。花淡红色。

④球根秋海棠:块茎扁圆形,褐色。茎直立,肉质多汁。叶不规则心脏形,叶缘浅裂。叶面深绿,叶背有红褐色斑纹。聚伞花序腋生,白、淡红、鲜红、橙红、黄等色,单瓣或重瓣。花期 6—9 月。

17. 天竺葵(洋绣球、石蜡红)

Pelargonium hortorum Bailey

牻牛儿苗科　天竺葵属

识别要点:多年生草本。全株被细毛和腺毛,具异味,茎肉质。叶互生,圆形至肾形,叶面常有马蹄纹。伞形花序顶生,花柄长,白、粉、肉红、淡红、大红等色,单瓣或重瓣。有叶面具白、黄、紫色斑纹的彩叶品种。花期 5—6 月。

天竺葵

生态习性:喜温暖、湿润和阳光充足环境。耐寒性差,怕水湿和高温。宜肥沃、疏松和排水良好的沙质壤土。生长适温为 10～19℃。

观赏特性及应用:枝叶密集,四季翠绿,花色鲜艳,花期长,管理简便。适用于露地散植或成丛种植在岩石园、花坛、阶前、庭院等处,也可盆栽用于点缀家庭阳台、窗台、厅堂等。

18. 火焰花(小火炬、丽穗花、彩苞凤梨)

Vriesea poelmannii 凤梨科　丽穗凤梨属

识别要点:叶剑形全缘,先端稍弯曲,丛生于基部。花葶直立高出叶面,穗状花序圆锥形,花序鲜红色或红中透黄。

生态习性:喜温暖湿润阳光充足环境,也耐半阴。要求土层深厚、肥沃及排水良好的沙质壤土。

观赏特性及应用:花葶挺拔直立,如火炬高举,如红烛高照,又如少女亭立,形态奇特,立体感特强,为优良庭园花卉。可丛植于草坪之中或植于假山石旁,用作配景,也适合布置多年生混合花境和在建筑物前配置,或用于点缀花丛、花径、花坛等。花枝可供切花,应用于花篮、花束,可案台插花,亦可盆栽观赏。

火焰花

19. 巴西铁（龙血树、巴西木）

Dracaena fragrans cv. Massa¯ngeana 百合科　龙血树属

识别要点：常绿小乔木，树皮灰色。叶无柄，多丛生于茎顶部，厚纸质，宽条形或长椭圆形，幼叶有黄或淡黄色条纹。伞形花序排成总状，花 1～3 朵簇生；花小，黄绿色，芳香。花期 6—8 月。浆果球形黄色。

生态习性：喜高温多湿光照充足的环境。不耐寒，冬季最低温度 5～10℃。喜疏松、排水良好、含腐殖质丰富的土壤。

观赏特性及应用：株形规整，叶片宽大，集中生于枝顶，叶色优美，质地紧实，为室内装饰的优良观叶植物，中、小盆栽可点缀书房、客厅和卧室，大中型植株可布置厅堂、公共场所的大厅或会场。

龙血树

20. 文竹（云片松、云竹）

Asparagus setaceus (Kunth)Jessop.百合科　天门冬属

识别要点：根半肉质，茎柔软丛生，具攀缘性。具叶状枝，叶退化成鳞片状，淡褐色，着生于叶状枝的基部；叶状枝 6～13 枚成簇，绿色，水平排列如羽毛状。花小，两性，白色。

生态习性：喜温暖湿润和半阴环境，不耐严寒，不耐干旱，忌阳光直射。适生于排水良好、富含腐殖质的沙质壤土。生长适温为 15～25℃，越冬温度高于 5℃。

观赏特性及应用：枝叶轻柔，似竹非竹，似松非松。叶状枝纤细秀丽，小叶鳞片状，如羽绒毛，错落有致，翠绿层层，状如云片，是有名的观叶花卉。常盆栽观赏或用于制作盆景，也宜地植于森林公园、大型游乐园的半阴处，点缀园林风景。小枝可作为切花配叶材料。

主要栽培品种：

①矮文竹（var. nanus）：植株较矮小，茎丛生，直立，不具攀缘性，叶状枝更细密。

②短枝文竹（var. robustus）：植株较粗壮，叶状枝较短。

文竹

21. 萱草（忘忧草、金针花）

Hemerocallis fulva L.百合科　萱草属

识别要点：多年生宿根草本。根状茎短、粗，具纺锤形肉质根。叶基生，宽线形，排成两列,嫩绿色。花葶高于叶,细长坚挺,着花 6～12 朵,呈顶生聚伞花序。花被漏斗状,裂片 6,下部合成花被筒,上部开展而反卷,边缘波状,橘红色。花期 6—7 月。

生态习性:性强健,适应性强,喜湿润,耐寒,耐旱,喜阳光又耐半阴。对土壤选择性不强,抗病虫能力强。以富含腐殖质、排水良好的湿润土壤为宜,对盐碱土壤有特别的耐性。

萱草

观赏特性及应用:绿叶成丛,花色鲜艳,花蕾似簪,开如漏斗,极为美观。适宜花境前景配植、多年生花坛栽植、林缘片植、花带色块栽植、道路条植及列植,也适用于疏林草地、坡地大面积地被栽植,岩石园、庭院、池畔及篱缘点缀栽植。同时,花葶细长坚挺可作切花材料。

主要栽培品种:

①大苞萱草(H. middendo):株丛低矮,花期早,为 4—5 月。叶较短、窄。花梗极短,2～4 朵簇生顶端;花黄色、有芳香,具大三角形苞片。

②童氏萱草(H. thunbergh):叶长,花葶高,顶端分枝着花 12～24 朵,杏黄色,喉部较深。

③小黄花菜(H. minor):植株小巧,根细索状。叶纤细,2 列状基生。花茎高出叶丛,着花 2～6 朵,黄色,外有褐晕,有香气。傍晚开花,次日中午凋谢,花期 6—8 月。干花蕾可食用。

④黄花菜(H. citrina):具纺锤形肉质根,叶 2 列基生,带状。花序稍长于叶,有分枝,着花多达 30 朵,花期 7—8 月。干花蕾可食用。

22. 玉簪(玉春棒、白鹤花、白玉簪)

Hosta plantaginea Aschers. 百合科　玉簪属

识别要点:多年生宿根草本。叶基生,卵形至心状卵形,基部心形,叶脉弧状,具长柄。总状花序顶生,着花 9～15 朵,高于叶丛;花白色,管状漏斗形,有香气。花期 7—9 月。

生态习性:性强健,耐寒冷,喜阴湿环境,不耐强烈日光照射,要求土层深厚、排水良好且肥沃的沙质壤土。

观赏特性及应用:叶碧娇莹,花苞似簪,形如喇叭,花色如玉,清香袭人,是优良的耐阴地被植物。适用于阴处花境配植、林下栽植、庭院及建筑物背面庇荫处种植;也可在树丛处结合水景栽植,或配植于岩石边,或三两成丛点缀于花园中,还可盆栽观赏或作切花。

玉簪

主要栽培品种：

①狭叶玉簪：别名日本紫萼、水紫萼、狭叶紫萼。叶披针形，花淡紫色。

②紫萼：别名紫玉簪。叶丛生，卵圆形。叶柄边缘常下延呈翅状。花紫色，较小，花期7—9月。

③白萼：别名波叶玉簪、紫叶玉簪。叶边缘呈波曲状，叶片上常有乳黄色或白色纵斑纹。花淡紫色，较小。

④圆叶玉簪：叶片较大，深绿色。花白色，略带粉晕，花期6—7月。

23. 蜘蛛抱蛋（一叶兰）

Aspidistra elatior Blume. 百合科　蜘蛛抱蛋属

识别要点：多年生常绿宿根草本，根状茎匍匐蔓延。叶单生，长椭圆形，两面绿色，叶柄长，粗壮。花单生，紧附地面，小钟状，紫色，花径约 2.5 cm。花期 4—5 月。蒴果球形。

生态习性：喜温暖湿润、半阴环境，较耐寒，极耐阴，忌烈日直射。生长适温为 10～30℃，越冬温度 0～3℃。对土壤要求不严，耐瘠薄，但以疏松、肥沃的微酸性沙质壤土为好。

蜘蛛抱蛋

观赏特性及应用：四季常青，叶片挺拔，叶色浓绿，姿态优美，长势强健，适应性强，极耐阴。常作半阴处地被植物，庭园阴处、建筑物北面散植，或种植于大型游乐园、森林公园的水雾处与其他观花植物配合布置；也可盆栽用于家庭室内及办公室装饰摆放，还可作插花的配叶材料。

主要栽培品种：

①斑叶一叶兰（var. punctata）：别名洒金蜘蛛抱蛋。绿色叶面上有或稀或密的黄色或白色斑点。

②金线一叶兰（var. variegata）：别名金纹蜘蛛抱蛋、白纹蜘蛛抱蛋。绿色叶面上有纵向的黄色或白色线条纹。

24. 花叶艳山姜（月桃、彩叶姜）

Alpinia zerumbet Smith et Benth. 姜科　山姜属

识别要点：成株丛生状，地下具根状茎。叶大，互生，有短柄，全缘，革质，绿色有羽状黄色斑纹。总状圆锥花序下垂，花序轴紫红色，被绒毛。苞片白色，顶端及基部粉红色，蕾时包裹花。花萼近钟形，先端粉红色；花冠乳白色，唇瓣匙状，黄色而有紫红色条纹。花期 6—7 月。

生态习性：喜高温多湿的环境，不耐寒，怕霜雪，喜阳光，又耐阴。在肥沃而保水性好的壤土中生长良好。

观赏特性及应用：叶色秀丽，黄绿相衬，格外显眼；花

花叶艳山姜

姿雅致,带有黄或紫红色条纹特大唇瓣,花大,颜色艳丽。是著名观叶花卉,四时观叶,花期更美。适宜大盆栽植,布置客厅、会议室、展厅等作室内装饰植物;也宜种植于公园、游乐园的水滨或近水雾处,单丛或成行种植点缀园林风景或种植于花坛、庭园、池畔、墙角等处点缀观赏,还可切叶作插花材料。

25. 鸢尾(蓝蝴蝶、扁竹叶)

Iris tectorum Maxim. 鸢尾科　鸢尾属

鸢尾

识别要点:根茎匍匐多节,节间短。叶剑形,淡绿色,基部重叠互抱成二列。花梗从叶丛中抽出,单一或 2 分枝,每枝有花 2～3 朵,花蓝紫色;花被 6 片,外花被大而下垂,中央有一行鸡冠状白色带紫纹突起,内花被较小成拱状直立。蒴果长椭圆形。

生态习性:耐寒力强,喜阳光,但也耐阴。喜含腐殖质丰富、排水良好略带碱性的沙壤土,酸性土壤中生长不好。

观赏特性及应用:叶形如剑,花出叶丛,花色蓝紫,花形似蝶,色彩多样,适应性广,常用于丛植布置花坛、花境或作地被植物或栽种于岩石园及湖畔,也可于林缘、草地、路边、坡地以及山石溪边丛植或片植,或用于滨水花境配植或高台点缀栽植及专类园收集展示。

主要栽培品种:

①德国鸢尾(*I. germanica*):花大,苞片下面绿色,上半部常皱缩并带紫红色。花旗瓣直立,垂瓣略下垂。花紫色或淡红紫色,有香味。花期 5—6 月。

②香根鸢尾(*I. florentina*):花大,花径约 14 cm,白色花,花期 5 月。

③西伯利亚鸢尾(*I. sibirica*):根状茎粗壮。丛生性强。花蓝紫色。喜湿,也耐旱,是沼泽地绿化和美化环境的优良材料。花期 6 月。

6.3　球根花卉

1. 白芨(紫兰)

Rhizoma Bletillae Striatae 兰科　白芨属

白芨

识别要点:多年生草本,假鳞茎扁球形,黄白色。叶披针形,具皱褶,基部鞘状抱茎。总状花序,花被 6 片,不整齐,淡紫红色。蒴果圆柱形。

生态习性:喜温暖、阴湿,稍耐寒,忌强光直射。适宜排水良好、富含腐殖质的沙质土壤。

观赏特性及应用:苍翠叶片,紫红花朵,井然有序,端庄优雅。常作地被植物,也可盆栽室内观赏。

2. 百合(野百合)

Lilium speciosum Thunb.百合科　百合属

识别要点:多年生草本。鳞茎球形,黄白带紫晕;鳞片披针形,覆瓦状重叠;叶披针形,螺旋排列;花生枝顶,乳白色。

生态习性:喜半阴、干燥、通风环境,喜肥沃、排水良好、土层深厚、富含腐殖质的沙质壤土。

观赏特性及应用:花姿雅致,青翠娟秀,花茎挺拔。是点缀庭园与切花的名贵花卉,常作专类园、花坛中心或背景材料。

百合

主要栽培品种:

①西伯利亚百合:花径可达 20 cm,白色最为纯正,花香浓郁,花期最长,三四个花朵依次开放可延续一个月。

②铁炮百合:独特的长喇叭形,花期较短,一般在一周时间。

③卡萨布兰卡:花头微弯,花形后卷,白色纯正,花期可达 15 d。

④索玻尔粉百合:花形最大,花瓣边缘白,中间粉红,颜色新鲜艳丽,花期 10 d 以上。

3. 韭兰(红花葱兰)

Zephyranthes grandiflora Lindl.石蒜科　葱兰属

识别要点:多年生常绿草本。地下鳞茎卵球形。成株丛生状。叶片线形,扁平,稍肉质,极似韭菜。花瓣 6 枚,略弯,花形较大,粉红色。

生态习性:喜光,喜温暖湿润,耐半阴,较耐寒,怕涝。适宜土层深厚、地势平坦、排水良好的壤土或沙壤土。

观赏特性及应用:叶丛碧绿,粉红花朵,美丽幽雅。适宜作花坛、花境、草地镶边、地被栽植,或盆栽室内观赏或瓶插水养。

常见栽培种类:葱兰(*Zephyranthes candida*):地下鳞茎小而长;叶基生,扁线形,稍肉质,暗绿色;花葶中空,单生,花白色外被紫晕。

韭兰

4. 大花蕙兰（虎头兰）

Cymbidium hookerianum Rchb. F. 兰科　兰属

识别要点：假鳞茎椭圆粗大；叶宽而长，下垂，浅绿色，有光泽；花葶斜生稍弯，花大，略带香气。

生态习性：喜光，怕干不怕湿，喜微酸性水，以雨水浇灌为好。

观赏特性及应用：植株挺拔，叶长碧绿，花姿粗旷，花大色艳，主要用作盆栽观赏。

大花蕙兰

5. 大丽花（大丽菊、大理花）

Dahlia pinnata Cav. 菊科　大丽花属

识别要点：多年生草本。肉质块根纺锤状；茎中空；叶对生，1～3回羽状分裂，正面深绿色，背面灰绿色，具粗钝锯齿；头状花序具长梗，顶生或腋生，外围舌状花色彩丰富而艳丽。

生态习性：喜光，喜温暖，不耐严寒与酷暑，忌积水，不耐干旱，喜富含腐殖质的沙壤土。

观赏特性及应用：类型多变，色彩丰富，常用于花坛、花境、花丛栽植，或盆栽用于室内及会场布置；切花常用于镶配花圈和制作花篮及花束、插花等。

大丽花

6. 马蹄莲（水芋马、观音莲）

Zantedeschia aethiopica Spreng 天南星科　马蹄莲属

识别要点：多年生草本，肉质块茎肥大。叶基生，卵状全缘，鲜绿色，长柄具棱，下部鞘状抱茎；佛焰苞大，马蹄形，包藏肉穗花序，花序圆柱形，鲜黄色。果实肉质。

生态习性：喜温暖，不耐寒。不耐高温，稍耐阴。喜潮湿，不耐干旱。喜疏松肥沃、腐殖质丰富的黏壤土。

观赏特性及应用：花朵美丽，春秋开花，花期长，常用于室内盆栽、切花、花束、花篮、花坛。

马蹄莲

7. 美人蕉(大花美人蕉、红艳蕉)

Canna indica Linn. 美人蕉科　美人蕉属

识别要点：多年生草本，根茎肥大，茎肉质，不分枝；茎叶具白粉，叶互生，宽大；总状花序，花瓣直伸，具四枚瓣化雄蕊；花色多。

生态习性：喜温暖，不耐寒，畏强霜和霜害；要求土层深厚、肥沃，富含有机质。

观赏特性及应用：花大色艳，抗污染，花期长。宜作花境背景或花坛中心，或作盆栽、切花用。适合于污染区栽种。

美人蕉

8. 石蒜(一枝箭、乌蒜、老鸦蒜)

Lycoris radiata (L. Herit.) Herb. 石蒜科　石蒜属

识别要点：多年生草本。先花后叶，鳞茎广椭圆形；叶带形；花鲜红色或有白色边缘，花被边缘皱缩，向外反卷；花瓣似红绸，花蕊像龙须；蒴果背裂。

生态习性：喜半阴，耐曝晒，喜凉爽湿润，耐干旱，较耐寒。喜富含腐殖质、疏松、排水良好的土壤。

观赏特性与应用：冬季叶色翠绿，夏秋红花怒放。常片植布置花境、假山、岩石园和地被，也作切花。

石蒜

9. 水仙花

Narcissus tazeta var. *chinensis* 石蒜科　水仙属

识别要点：鳞茎卵状球形，外被棕褐皮膜；叶狭长，全缘，有白粉；花葶高于叶面；伞房花序，白色芳香。

生态习性：喜光，喜温暖、湿润。喜疏松肥沃、土层深厚、排水良好的冲积沙壤土。

观赏特性及要点：叶姿秀美，花香浓郁，亭亭玉立，造型独特。有"凌波仙子"的雅号。多为水养，作为冬季室内和花园里陈设的花卉。

主要栽培品系：

①单瓣型：福建漳州特产，花冠青白，花被6瓣，金色副冠，形如盏状，花味清香，故称"金

水仙花

盏玉台",花期约半个月;若副冠白色,则称"银盏玉台"。

②重瓣型(复瓣型):重瓣白色,花被 12 裂,卷成一簇,花冠下端轻黄,上端淡白,没有明显副冠,称为"百叶水仙"或"玉玲珑",花期 20 天左右。花形不如单瓣美,香气较差,是水仙的变种。

10. 文殊兰

Crinum asiaticum var. *sinicum* (Roxb. ex Herb) Baker

石蒜科　文殊兰属

识别要点:多年生草本。长圆柱形假鳞茎被膜,披针叶边缘波状;花葶直立,花序伞形,花大白色,偶带粉红,芳香;蒴果球形。

生态习性:喜温暖、潮湿,喜光,略耐阴,耐盐碱,不耐寒。喜疏松透水、肥沃、富含腐殖质土壤。

观赏特性及应用:叶丛优美,花香雅洁。常用于室内大型盆栽花卉,或作花坛、花境。

主要栽培品种:

①红花文殊兰(*C. amabile*):叶宽带形,全缘翠绿。顶生伞形花序,花被筒暗紫,花瓣 5 枚,红色芳香,边缘白色或浅粉色。

②北美文殊兰(*C. asiaticum*):花白色,叶狭。

文殊兰

11. 朱顶红(孤挺花、百支莲)

Hippeastrum rutilum (Ker-Gawl.) Herb.

石蒜科　孤挺花属

识别要点:球形鳞茎肥大;叶片带状;花茎中空,顶生花朵,花大似百合,花色多样。

生态习性:喜温暖、湿润和阳光,要求夏凉冬暖。

观赏特性及应用:花大,色艳,易栽培,形似君子兰。常作盆栽、切花或露地布置花坛。

主要栽培品种:

①红狮(Red lion):花深红色。

②大力神(Hercules):花橙红色。

③赖洛纳(Rilona):花淡橙红色。

④花之冠(Flower Record):花橙红色,具白色

朱顶红

宽纵条纹。

⑤通信卫星(Telstar)：大花种,花鲜红色。

12. 唐菖蒲(剑兰、十样锦)

Gladiolius gandavensis Van Houtte cv.

鸢尾科　唐菖蒲属

识别要点：球茎肥大,球形被膜;茎粗壮直立;叶剑形基生,呈抱合状 2 列,灰绿色;穗状花序着生茎一侧,花大,自下而上开放;花冠呈不规则漏斗形。

生态习性：喜光,不耐寒。喜土层深厚、排水好的沙质壤土。

观赏特性及应用：花开茂盛,花大色艳。主要作切花,或布置花境及专类花坛。

唐菖蒲

13. 文心兰(跳舞兰、舞女兰)

Oncidium Lexuosum 兰科　文心兰属

识别要点：假鳞茎扁圆形,肥大;叶片 1～3 枚,分薄叶种、厚叶种和剑叶种;花色丰富,大小差异大,唇瓣三裂,呈提琴状,中裂片基部有脊状凸起物,脊上具小斑点。

生态习性：喜温暖,稍耐寒,喜通风透气土壤。

观赏特性及应用：花多,色艳,形似飞蝶,又似舞女。常用于室内瓶插,或作为加工花束、小花篮的高档用花材料。

文心兰

6.4　水生植物

1. 菖蒲(臭菖蒲、水菖蒲)

Acorus calamus Linn 天南星科　菖蒲属

识别要点：多年水生草本,全株具芳香味。根状茎肉质,粗壮,横走,叶二列状着生,剑状线形,基部成鞘状,对折抱茎,中部以上渐尖。花茎扁三棱形,肉穗花序黄绿色。花期6—9月。

生态习性：最适宜生长的温度为 20～25℃,10℃以下停止生长,冬季以地下茎潜入泥中越冬。

观赏特性及应用：叶丛翠绿,端庄秀丽,全株芳香,有杀菌功效。适宜水景岸边及湿地绿化,或作水体净化植物,也

菖蒲

可盆栽观赏。叶、花序还可以作插花材料。

2. 慈姑(茨菰)

慈姑

Sagittaria sagittifolia Linn 泽泻科　慈姑属

识别要点：多年生挺水植物。根状茎，先端形成球茎，端部有较长的顶芽。叶片基生，出水叶戟形，端部箭头状，全缘，叶柄较长，肥大而中空。圆锥花序，花白色，不易结实。花期7—9月。

生态习性：适应性强，喜土壤肥沃、光照充足、气候温和、较背风的环境。风、雨易造成叶茎折断，球茎生长受阻。

观赏特性及应用：叶形奇特，植株繁茂，适应性强。可作水边、岸边、水体、湿地的绿化点缀材料，也可盆栽观赏。

3. 灯芯草(野席草、龙须草)

灯心草

Juncus effuses Linn 灯芯草科　灯芯草属

识别要点：多年水生草本。根状茎横走，茎簇生，直立，细柱形，内充满乳白色髓，占茎的大部分。叶鞘红褐色或淡黄色，叶片退化呈刺芒状。聚伞状花序，淡绿色，花期6—7月。

生态习性：适应性强，耐寒，喜光，稍耐阴，耐水湿。

观赏特性及应用：叶色翠绿，植株茂密，耐水湿，抗污染。可用于水体、湿地或沼泽地绿化点缀，或水体与陆地接壤处的绿化。

4. 凤眼莲(水葫芦)

凤眼莲

Eichhornia crassipes Solms-Laub 雨久花科　凤眼莲属

识别要点：多年生浮水草本。须根发达且悬垂水中。单叶丛生于短缩茎的基部，叶卵圆形，全缘，叶面光滑、质厚；叶柄长，中下部有膨胀如葫芦状的海绵质气囊。穗状花序，花色浅蓝，瓣中有一鲜黄色斑点，形如凤眼。花期夏秋。

生态习性：喜向阳、平静的水面，适应性很强。在日照时间长、温度高的条件下生长较快，受冻后叶茎枯黄。

观赏特性及应用：叶色光亮，花色美丽；植株茂密，适应性强。是园林水景中优良的造景材料，有很强的净化污水的能力。

主要栽培品种：

①大花风眼莲(var. major Hort.)：花大，粉紫色。

②黄花风眼莲(var. aurea Hort.)：花黄色。

5. 荷花(莲花、水芙蓉)

Nelumbo nucifera Gaertn　莲科　莲属

荷花

识别要点：多年生挺水植物。根状茎(藕)横生，肥大，多节。叶盾状圆形，全缘并呈波状，表面深绿，被蜡质白粉，背面灰绿，叶脉隆起。叶柄圆柱形，密生倒刺。花单生，花梗长，花白、粉、深红、淡紫色或间色等；花托表面具多数散生蜂窝状孔洞，受精后逐渐膨大称为莲蓬，每一孔洞内生一小坚果(莲子)。花期6—9月，果熟期9—10月。

生态习性：喜炎热，怕寒冷，在20～30℃温度下生长良好，越冬温度不宜低于4℃；喜光，喜湿，怕干，喜生于水位相对变化不大的水域；喜富含腐殖质的黏土，对磷、钾肥要求较多。

观赏特性及应用：花大色艳，清香远溢；花姿优美，花期长久；凌波翠盖，适应性强。适合作池塘、湖泊的水体净化及水面的绿化美化，亦可盆栽观赏，或作鲜切花。

6. 旱伞草(水棕竹、风车草、水竹)

Cyperus altermfolius L.　莎草科　莎草属

伞草

识别要点：地下茎块状，短粗，茎密生成簇，开散状。叶片退化呈鞘状，棕色，包裹在茎秆基部。叶状苞片排列在秆的顶端，扩散呈伞状。小穗状花序顶生，小花穗组成大型复伞形花序，小花白色至黄色。果实为小坚果。

生态习性：性喜温暖、阴湿及空气清新的环境。对土壤要求不严，但以富含腐殖质、保水性强的壤土为适宜。不耐寒，忌干旱。

观赏特性及应用：叶色翠绿，茎挺叶茂，亭亭玉立，清秀雅致，养护简单，管理粗放。盆栽供室内观赏及书桌、案头摆设，也可制作盆景，或溪边、假山、石隙栽培点缀，或作插花材料。

7. 石菖蒲(山菖蒲、香菖蒲)

Acorus gramineus Soland　天南星科　菖蒲属

石菖蒲

识别要点：多年生草本。全株具芳香味，根状茎横走，质硬。叶剑状条形，两列状密生于短茎上，全缘，先端渐尖，有光泽，基部呈鞘状，对折抱茎，中脉不明显，直出平行脉多条。花茎叶状，扁三棱形，肉穗花序；花小而密生，花黄绿色。

生态习性：喜阴湿,不耐阳光暴晒,不耐干旱,稍耐寒。

观赏特性及应用：株丛低矮,叶色翠绿,抗污染强,管理粗放。适于阴湿环境、林下、水体绿化,或用于假山石隙、水边点缀,也可盆栽观赏。

主要栽培品种：

①钱蒲(var. pusillus Engl.)：株丛矮小,叶细小而挺硬,长仅 10 cm 左右。

②全线石菖蒲(var. variegatus)：株丛较矮小,叶具黄色条纹。

8. 水葱(莞、冲天草)

Scirpus validus Vahl 莎草科　莞草属

识别要点：多年生挺水草本,地下具粗壮根状茎。茎高大直立,圆柱状,中空,平滑。叶片线形,着生于茎基部,褐色。聚伞花序顶生,微红棕色。花期 6—9 月。

生态习性：喜温暖湿润的环境,喜光,较耐寒,喜肥沃土壤。喜生于池塘、湖泊、稻田边的浅水处。

观赏特性及应用：株丛翠绿,色泽淡雅,抗污染力强,管理粗放。可用于水面绿化或作岸边、池边点缀,也常盆栽观赏,还可切茎用于插花。

水葱

9. 水烛(香蒲)

Typha angustata Bory et Chaub. 香蒲科　香蒲属

识别要点：多年生挺水草本。地下具粗壮根状茎;地上茎直立,细长圆柱状,不分枝。叶片狭条形,二列状着生;叶色浓绿,断面成新月形,质轻而软。穗状花序圆柱状,浅褐色。花果期 6—8 月。

生态习性：喜温暖、湿润气候,喜肥沃土壤。生于池塘、湖泊岸边浅水区,沼泽地或池子中。最适宜生长的温度为 20℃～25℃,10℃ 以下停止生长。冬季以地下茎潜入泥中越冬。

观赏特性及应用：叶丛细长如剑,色泽光洁淡雅,水边栽植可用于美化水面和湿地,也可盆栽。花序可作切花或干花。

水烛

主要栽培品种：

①宽叶香蒲(*T. latifolia* L.)：叶较宽,1～1.5 cm。花序暗褐色,雌雄花序相连为其主要特点。

②小香蒲(*T. minina* Funk)：较低矮,株高不超过 1 m,茎细弱。叶片线形或无,仅具细长大形叶鞘。雌雄花序不连接。

10. 睡莲(子午莲)

Nymphaea tetragona Georgi 睡莲科　睡莲属

识别要点: 多年生浮水植物,地下具根状茎。叶丛生,具细长叶柄,浮于水面,近革质,圆形或卵状椭圆形,全缘或基部深裂呈心形或近戟形;叶面浓绿,背面暗紫色。花单生,花色多,花梗长,浮于水面或挺出水上。花期6—9月。

生态习性: 喜强光,通风良好,适宜水质清洁、温暖的静水环境。对土质要求不严,pH值在6～8均可正常生长,但喜富含有机质的壤土。

观赏特性及应用: 亭亭玉立,花姿优美;花色丰富,花期甚长;可净化水体,管理简便。常点缀于平静的水池、湖面,或盆栽观赏,也可作切花。

睡莲

主要栽培品种:

根据耐寒性不同可分为两类:

(1)不耐寒类:原产热带,耐寒力差,需越冬保护。其中许多夜间开花种类。如:

①蓝睡莲(*N.caerulea*):叶全缘,花淡蓝色,稍有香味,白天开放。原产非洲。

②埃及白睡莲(*N.lotus*):叶缘具尖齿,花白色,傍晚开放,午前闭合。原产非洲。

③红花睡莲(*N.rubra*):花深红色,径15～25 cm,夜间开放。

④黄花睡莲(*N.mexicana*):花鲜黄色,径约10 cm,午前至傍晚开花。

(2)耐寒类:原产温带,白天开花。

①子午莲(*N.tetragoma*):叶小而圆,花白色,花茎5～6 cm,每天下午开放到傍晚,单朵花期3天。为园林中最常栽种的原种。

②香睡莲(*N.odorata*):叶全缘革质,花白色至淡红色,径约15 cm,具浓香,花早晨开放,午后关闭。

③白睡莲(*N.alba*):花白色,花径12～15 cm。有许多园艺变种,是现代睡莲的重要亲本。

11. 王莲

Victoria amazonica Sowerby 睡莲科　王莲属

识别要点: 多年生浮水植物。地下具根状茎。叶面绿色带微红,有皱褶,背面紫红色,具刺,叶脉为放射网状脉;叶缘直立高8 cm左右,叶直径可达2.5 m;叶柄绿色,密被粗刺。花单生,常伸出水面开放。花期夏秋季。

王莲

生态习性：喜高温、高湿、阳光充足和水体清洁的环境,喜肥沃、富含有机质的栽培基质。通常要求水温为 28~32℃,若低于 20℃便停止生长,空气湿度以 80％为宜。

观赏特性及应用：叶片巨大,肥厚别致,漂浮水面,十分壮观,适合作水体的绿化美化材料。

12. 再力花（水竹芋、水莲蕉）

Thalia dealbata 竹芋科　再力花属

识别要点：多年生挺水草本。叶宽卵状披针形,浅灰蓝色,边缘紫色。复总状花序,花小,紫堇色。全株附有白粉。

生态习性：喜温暖水湿、阳光充足的气候环境,不耐寒,入冬后地上部分逐渐枯死,以根茎在泥中越冬。在微碱性的土壤中生长良好。

观赏特性及应用：株形高大洒脱,叶形宽大似芭蕉,叶色翠绿,生机可爱。花序高出叶面,亭亭玉立,蓝紫色的花朵素雅别致,有"水上天堂鸟"的美誉,还有净化水质的作用。是重要的水景花卉,常成片种植于水池或湿地,形成独特的水体景观,也可盆栽观赏或种植于庭院水体景观中。

再力花

6.5　蕨类植物

1. 波斯顿蕨（高肾蕨）

Nephrolepis exaltata cv. Bostoniensis 骨碎补科　肾蕨属

识别要点：多年生常绿草本。根茎直立,具匍匐茎;叶丛生,革质,光泽,二回羽状深裂,小羽片基部有耳状偏斜;孢子囊群半圆形,生于叶背近叶缘处。

生态习性：喜温暖、湿润及半阴,稍耐干旱,亦耐半阴通风环境,忌酷热。

观赏特性及应用：叶色草绿,羽片细碎,枝叶柔软,细长下垂,迎风舞动,绿影婆娑,潇洒优雅,绿意盎然。能吸收甲醛,抑制电脑显示器和打印机中释

波斯顿蕨

放出的二甲苯和甲苯,是蕨类植物中最受欢迎的品种,被认为是最有效的"生物净化器"。可摆放于室内较高处,或栽植于吊篮或吊盆中悬垂于窗前、天花板等处,给人充满活力、朝气蓬勃的感觉。

2. 巢蕨（鸟巢蕨、山苏花）

Neottopteris nidus（L.）J. Sm. 铁角蕨科　巢蕨属

识别要点：中型附生蕨。叶阔披针形，辐射状环生于根状短茎周围，中空如鸟巢；叶革质，光滑，全缘；叶缘略反卷，叶脉两面稍隆起。

生态习性：喜温暖多湿及荫蔽环境，喜高温，不耐寒，忌直射光。

观赏特性及应用：叶片密集，碧绿光亮，外形独特，姿态优美。常作附生、吊盆栽培，也用于制作中型盆栽或插花辅材。

巢蕨

3. 翠云草（蓝地柏、绿绒草）

Selaginella uncinata（Desv.）Spring

卷柏科　卷柏属

识别要点：多年生蔓生。主茎纤细伏地，匍匐横走；叶卵形，短尖头，二列横生，侧枝多回分叉，分枝处生不定根；二型叶，背腹二列，腹叶长卵形，背叶矩圆形。

生态习性：喜温暖湿润、半阴环境。适宜腐殖质含量丰富、排水良好的土壤。

观赏特性及应用：株态奇特，四季翠绿，叶似云纹，具蓝绿荧光，清雅秀丽。常作室内小型盆栽或地被植物。

翠云草

 ### 4. 卷柏（九死还魂草、万年松）

Selaginella tamariscina（Beauv.）Spring

卷柏科　卷柏属

识别要点：多年生常绿草本。根须状，主茎短，顶生小枝，辐射展开。叶覆瓦状，二型，腹叶（中叶）斜向上，不平行，微齿；背叶（侧叶）斜展，背面龙骨状，先端有长芒。孢子囊穗生于枝顶，四棱形，孢子叶三角形。

生态习性：耐干旱，耐寒，适宜疏松、排水良好的土壤。

观赏特性及应用：枝叶舒展，翠绿可人，有水则生，无水则"死"，枝叶枯黄卷曲抱团。常用于石头造景或者墙壁造景，也可盆栽观赏。

卷柏

鹿角厥

5. 鹿角厥

Platycerium wallichii Hook.

鹿角蕨科　鹿角厥属

识别要点：多年生附生草本。根状茎肉质，短而横卧，具淡棕色鳞片。叶二型，植株茎部生不育叶，圆肾形；可育叶三角状，顶部开叉，状如鹿角，嫩叶灰绿，成叶深绿。

生态习性：喜温暖、阴湿，忌阳光直射。土壤以疏松的腐叶土为宜。

观赏特性及应用：株形矮小，叶形奇异，状如鹿角，姿态优美。常用于室内盆栽观赏或垂吊于厅堂，别具热带情趣，是室内装饰的珍贵种类。

6. 肾蕨(蜈蚣草、篦子草)

Nephrolepis auriculata (L.)Trimen

骨碎补科　肾蕨属

识别要点：根状茎分为短而直立的茎、匍匐茎和球形块茎三种。叶披针形，初生叶抱拳状，具银白茸毛；成熟叶革质光滑，主脉明显居中，侧脉两侧对称；小叶无柄，节处生叶轴。

生态习性：喜高温高湿和半阴环境，喜散射光，有一定的耐寒性。

观赏特性及应用：株形直立丛生，适应性强，叶裂奇特，开展下垂，株形潇洒，叶色浓绿，翠碧光润，四季常青，富有生机。在园林中可作阴性地被植物或布置在墙角、假山和水池边；可作室内盆栽，点缀书桌、茶几、窗台和阳台；也可吊盆悬挂于客室和书房观赏。叶片可作切花、插瓶的衬材，干叶或染色后成为新型的室内装饰材料。

肾蕨

7. 槲蕨(石岩姜)

Drynaria roosii Nakaike 槲蕨科　槲蕨属

识别要点：攀缘或匍匐生长的附生蕨。根状茎粗壮，密被钻形披针状鳞片，横走如姜，鳞片边缘有齿。叶二型，不育叶基生，圆形，基部心形，浅裂，全缘，黄绿色或枯棕色，厚膜质，下面有疏短毛；能育叶叶柄上具明显的狭翅，叶片深羽裂，裂片互生，孢子囊群着生在叶背小脉交叉点上，橘黄色。

生态习性：分布于我国长江以南各省。喜温暖、阴湿，耐旱，畏严寒。适生于排水性好的土壤中，常附生于树干

槲蕨

或水边山岩石壁上。

观赏特性及应用：叶形奇特，适应性强，孢子囊群色彩鲜艳，极具观赏价值。宜贴生树干上或移植于枯树上装饰，也可点缀假山、岩壁或盆栽观赏。根状茎入药，有补肾强骨、续筋止痛、活血等功效。

6.6 仙人掌及多浆类植物

1. 长寿花（矮生伽蓝菜、圣诞伽蓝菜）

Kalanchoe bloss feldiana Poelln 景天科　伽蓝菜属

识别要点：常绿多年生草本植物。茎直立，单叶交互对生，长圆状匙形或长圆状倒卵形，肉质，叶缘上部具波状钝齿，略带红色。圆锥聚伞花序，直立；花小，高脚碟状，色粉红或橙红色。花期 1—4 月。

生态习性：喜温暖、稍湿润和阳光充足环境，不耐寒，生长适温为 15～25℃，耐干旱。对土壤要求不严，以肥沃的沙壤土为好。

观赏特性及应用：株形紧凑，叶片晶莹透亮，花朵稠密艳丽，是优良的室内盆花，布置窗台、书桌、案头，十分相宜。也可用于公共场所的花槽、橱窗和大厅等，整体观赏效果极佳。

长寿花

2. 红雀珊瑚（扭曲草、拖鞋花）

Pedilanthus carinatus var. *variegata* Hort
大戟科　红雀珊瑚属

识别要点：常绿灌木。茎绿色，常呈"之"字形弯曲生长，肉质，含白色有毒乳汁。叶互生绿色，卵状披针形，革质，中脉突出在下面呈龙骨状。聚伞花序顶生，总苞鲜红色。花期夏季，全年开红或紫色花。

生态习性：喜温暖、湿润，适生于阳光充足而不太强烈，且通风良好之地。对栽培土壤要求疏松肥沃、排水良好。

观赏特性及应用：叶片四季常青，总苞鲜红色，形似小鸟的头冠，美丽秀雅。适于阴湿林下、花坛点缀，或盆栽装饰书桌、几案等，也用于阳台装饰。

红雀珊瑚

常见的还有斑叶红雀珊瑚及卷叶珊瑚等。

3. 虎刺梅（铁海棠、麒麟刺）

Euphorbia splendens Ch. Des Moulins 大戟科　大戟属

识别要点：直立或稍攀缘性小灌木。多分枝，体内有白色乳汁。茎和小枝有棱，密被锥形尖刺。叶片密集着生新枝顶端，倒卵形，叶面光滑，鲜绿色。花有长柄，苞片 2 枚，红色。花期冬春季，南方可四季开花。

生态习性：喜温暖湿润和阳光充足环境。耐高温，不耐寒，冬季温度不低于 12℃。以疏松、排水良好的腐叶土为最好。

观赏特性及应用：苞片红色，鲜艳夺目，开花期长，管理粗放，幼茎柔软，造型容易。抗污染，用于厂矿绿化，也可用于花坛点缀或盆栽装饰。

虎刺梅

4. 金琥（象牙球）

Echinocactus grusonii Hildm 仙人掌科　金琥属

识别要点：茎圆球形，肉质，通常单生，顶部密被金黄色绒毛。有棱，刺座很大，密生硬刺，刺金黄色，后变褐色。花生于顶部绒毛丛中，钟形，黄色。花期 6—10 月。

生态习性：习性强健，喜石灰质土壤，喜干燥、温暖、阳光充足的环境，畏寒，忌湿。

观赏特性及应用：形大端圆，寿命很长，形态奇特，栽培容易。用于盆栽，布置书桌、案几。大型个体可地栽群植，布置专类园或营造干旱沙漠地带的自然风光。

金琥

5. 金枝玉叶（马齿苋树）

Portulaca afra Jacq. 马齿苋科　马齿苋树属

识别要点：多年生常绿灌木。茎肉质，节间明显，分枝近水平。叶对生，叶片肉质，倒卵状三角形，先端截形，叶基楔形；叶面光滑，鲜绿色，富有光泽。小花淡粉色。

生态习性：喜温暖干燥、阳光充足的环境，耐半阴，在散射光条件下生长良好，耐旱，要求排水良好的沙壤土。不耐寒，冬季温度不低于 10℃。

观赏特性及应用：适宜盆栽，置于大厅、前台、角隅之处，是布置宾馆、会议室、客厅等的优良观叶植物，也

金枝玉叶

是制作盆景的好材料。

6. 量天尺（霸王花）

Hylocereus undatus Br. et. R. 仙人掌科　量天尺属

识别要点：茎三棱柱形，多分枝，边缘具波浪状，长成后呈角形，具小凹陷，长1～3枚小刺，具气生根。花大型，花期夏季，晚间开放，时间极短，具香味。

生态习性：喜温暖湿润和半阴环境，能耐干旱，怕低温霜冻，冬季越冬温度不得低于7℃，否则易受冻害，土壤以富含腐殖质丰富的沙质壤土为好。

观赏特性及应用：地栽可营造出热带风光，盆栽则可作为嫁接其他仙人掌科植物的砧木。此外，对甲醛、苯、氡、氨有很好的吸附效果，是一种很好的净化空气的植物。

量天尺

7. 龙舌兰（舌掌、番麻）

Agave americana Linn 龙舌兰科　龙舌兰属

识别要点：多年生常绿肉质草本，植株高大，无茎。叶子厚，坚硬，倒披针形，叶色灰绿或蓝灰，基部排列成莲座状，叶缘具向下弯曲的疏刺。花梗由莲座中心抽出，花黄绿色。

生态习性：喜温暖干燥和阳光充足环境。稍耐寒，较耐阴，耐旱力强。要求排水良好、肥沃的沙壤土。冬季温度不低于5℃。

观赏特性及应用：叶片坚挺美观，四季常青，可盆栽观赏，布置于小庭院和厅堂；或栽植在花坛中心、草坪一角，能增添热带景色。

金边龙舌兰

主要栽培品种：

①维多利亚女王龙舌兰（A. victoriae-reginae）：叶在短茎上形成紧密的莲座丛。生长非常缓慢，每年只长1～2片新叶，因此成熟植株非常名贵，是龙舌兰中最美丽的品种。

②金边龙舌兰（Folium Agaves Americanae）：茎短，稍木质。叶多丛生，长椭圆形，边缘有黄白色条带镶边，有紫褐色刺状锯齿。

8. 芦荟(卢会)

Aloe vera var. chinensis. Berg 百合科　芦荟属

芦荟

识别要点:常绿肉质的草本植物。叶簇生,呈座状或生于茎顶,叶常披针形或叶短宽,边缘有尖齿状刺。花序为伞形、总状、穗状、圆锥形等,色呈红、黄或具赤色斑点,花被基部多连合成筒状。

生态习性:喜高温湿润气候,喜光,耐旱,忌积水,怕寒冷,当气温低至0℃时即遭寒害。对土壤要求不严,但在旱、瘠土壤上叶瘦色黄,在肥沃土壤中叶片肥厚浓绿。

观赏特性及应用:株形端庄,姿态奇特,四季常青,容易栽培。能吸附一氧化碳及二氧化硫等有害气体。可盆栽布置室内环境,或作广场、公园、生活小区、学校和工厂周边的绿化植物。

主要栽培品种:

①库拉索芦荟:茎较短,叶簇生于茎顶,直立或近于直立,肥厚多汁;呈狭披针形,先端长渐尖,基部宽阔,粉绿色,边缘有刺状小齿。

②中国芦荟:是库拉索芦荟的变种。茎短,叶近簇生,幼苗叶成两列,叶面叶背都有白色斑点,叶子长成后白斑不褪。

③斑纹芦荟:茎短或无茎。叶簇生,螺旋状排列,直立,肥厚;叶片狭披针形,先端渐尖,基部阔而包茎,边缘有刺状小齿,下有斑纹。

9. 宝石花(粉莲、胧月、石莲花)

Graptopetalum paraguayense (N. E. Br.) E. Walther 景天科　风车草属

石莲花

识别要点:多年生草本。茎多分枝,丛生,圆柱形,节间短,肉质,上有气生根。幼苗叶为莲座状;老株叶抱茎,基部叶片脱落,枝顶端叶片为疏散的莲座状。叶厚,卵形,先端尖,肉质,全缘,粉赭色,表面被白粉,略带紫色晕,平滑有光泽,似玉石,莲座状。聚伞花序,腋生,萼片与花瓣白色,瓣上有红点。

生态习性:性强健,易栽培。喜阳光充足环境,耐干旱,耐半阴,怕积水,忌烈日。不耐寒,冬季温度不低于10℃。以肥沃、排水良好的沙壤土为宜。

观赏特性及应用:叶片肥厚翠绿,状似玉石,株形莲状奇特,姿态秀丽,四季常青,适应性强。不是鲜花而胜于鲜花,极具观赏价值。可露地配植或点缀花坛、岩石,也可盆栽用于布置客厅、书房等,可净化空气,减少各种电器电子产品产生的电磁辐射污染。

10. 昙花（月下美人）

Epiphyllum oxypetalum Haw.

仙人掌科　昙花属

识别要点：灌木状肉质植物，主枝直立，圆柱形。茎不规则分枝，茎节叶状扁平，绿色，边缘波状或缺凹，中脉粗厚，无叶片。花大型，白色，漏斗状，芳香。花期夏秋季晚间。

生态习性：喜温暖湿润和半阴环境。不耐霜冻，冬季温度不低于 5℃，忌强光暴晒，宜栽植于含腐殖质丰富的沙壤土。

观赏特性及应用：枝干叶状，四季翠绿；花大色白，清香四溢；夜晚开花，习性奇特。盆栽适于点缀客厅、阳台等。

昙花

11. 仙人球（草球、长盛球）

Echinopsis tubiflora Zucc. 仙人掌科　仙人球属

识别要点：多年生肉质草本植物。茎呈球形或椭圆形，绿色，球体有纵棱若干，棱上密生针刺，黄绿色，长短不一，辐射状。花着生于纵棱刺丛中，银白色或粉红色，长喇叭形。

生态习性：喜阳光充足、高温、干燥环境，冬季室温白天要保持在 20℃ 以上，夜间温度不低于10℃。土壤要求排水、透气性良好，含石灰质的沙土或沙壤土。

观赏特性及应用：株形奇特，花大形美，抗污染强，管理粗放。适宜盆栽观赏，也是嫁接其他仙人掌类植物中球形品种的优良砧木。

仙人球

12. 蟹爪兰（蟹爪莲）

Zygocactus truncates K. Schum.

仙人掌科　蟹爪兰属

识别要点：附生性小灌木。叶状茎扁平多节，肥厚，茎节短小，鲜绿色，矩圆形，先端截形，边缘具粗锯齿。花生茎端，花被张开反卷，花淡紫、黄、红、纯白、粉红、橙和双色等。

生态习性：喜半阴、湿润环境。土壤需肥沃的

蟹爪兰

腐叶土、泥炭、粗沙的混合土壤,酸碱度在 pH 5.5～6.5。生长适温为 18～23℃,开花温度以 10～15℃为宜,冬季温度不低于 10℃。

观赏特性及应用:株形垂挂,繁花似锦,花色艳丽,花期甚长。花期适逢圣诞、元旦,盆栽适于家庭室内窗台、门庭入口处装饰;也常被制作成吊篮,装饰大厅。

13. 燕子掌(玉树、景天树)

Crassula argentea L. f.景天科　青锁龙属

识别要点:常绿小灌木。茎肉质,灰色,多分枝,小枝褐色。叶肉质,对生,卵圆形,灰绿色,全缘,有红边。

生态习性:喜温暖干燥和阳光充足环境,不耐寒,冬季温度不低于 7℃。怕强光,稍耐阴。土壤以肥沃、排水良好的沙壤土为好。

观赏特性及应用:枝叶肥厚,四季碧绿,叶形奇特,树冠繁茂,清秀雅致。适合盆栽,点缀于阳台、室内几桌上,也可配以盆架、石砾加工成小型盆景。

燕子掌

6.7　草坪地被植物

1. 地毯草(大叶油草)

Axonopus compressus (Swartz) Baeuv 禾本科　地毯草属

识别要点:多年生草本。具长匍匐茎,地上茎扁平,节常被灰白色柔毛。叶宽条形,质柔薄,翠绿,先端钝,匍匐茎上的叶较短;叶鞘松弛,压扁,无毛;叶舌短,膜质,无毛。总状花序,小穗长圆状披针形。

生态习性:喜潮湿的热带和亚热带气候,不耐霜冻。靠根蘖及地下茎能很快传播。适于在潮湿的沙土上生长,不耐干旱,旱季休眠,也不耐水淹。耐荫蔽。

地毯草

观赏特性及应用:叶片宽大,植株低矮,较耐践踏,再生力强,绿期较长,耐部分遮阴;匍匐茎伸展迅速,茎节生根萌芽强烈,侵占力极强,容易形成密致的草地。园林中常栽于乔木下,可作为休息活动草坪、疏林草坪、运动场草坪、固土护坡草坪等,也可用作牧草。

2. 沟叶结缕草（马尼拉草）

Zoysia matrella Merr. 禾本科　结缕草属

识别要点：多年生。叶色翠绿，具横走根茎和匍匐茎，秆细弱，直立，秆高 12～20 cm。叶片质硬，扁平或内卷，叶面具纵沟，长 3～4 cm，宽 2 mm，顶端尖锐；叶鞘长于节间，叶舌短。总状花序线形，小穗卵状披针形。

生态习性：喜温暖湿润气候，生长势和扩展性强，密度较高，耐践踏性较强，耐寒性较强。

观赏特性及应用：叶色深绿，枝叶浓密，叶片细小，质地优良，耐低修剪，观赏性强。弹性好，耐践

沟叶结缕草

踏，养护费低，绿期长达 270 d。广泛应用于庭院绿地、公共绿地、别墅的观赏草坪和运动场草坪，也是很好的水土保持草种。

3. 细叶结缕草（天鹅绒草、台湾草）

Zoysia tenuifolia Will et Trin. 禾本科　结缕草属

识别要点：多年生草本。具细密的根状茎和节间极短的匍匐枝。匍匐茎发达，秆纤细低矮，高 5～10 cm。叶极细，叶片丝状内卷，长 2～6 cm，宽 0.5～1 mm，叶鞘无毛。总状花序，小穗披针形。

生态习性：阳性，喜光，喜温暖气候和湿润的土壤环境，在强光下生长良好。不耐寒，不耐阴；耐旱，耐湿，耐践踏。

观赏特性及应用：茎叶纤细，植株低矮；叶色深绿，平整单一；竞争力大，侵占力强；绿色期长，极耐践踏。常用于封闭式花坛草坪或作草坪造型供人观赏，也可作运动场、飞机场及各种娱乐场所的美化。

细叶结缕草

4. 狗牙根（绊根草、爬地草、百慕大草）

Cynodon dactylon（Linn.）Pers. 禾本科　狗牙根属

识别要点：多年生草本。植株低矮，具根状茎和匍匐茎，匍匐茎平铺地面或埋入土中，光滑坚硬，须根细而坚韧，根状茎短。叶线状条形，扁平，长 3～8 cm，宽 1～2 mm，先端渐尖，边缘有锯齿，浓绿或蓝绿色；叶鞘具脊，鞘口有柔毛；叶舌短，具小纤毛。穗状花序指状排列于茎顶。

狗牙根

生态习性：喜温暖湿润气候，喜光，不耐阴，不耐寒，耐干旱、贫瘠，喜排水良好的肥沃土壤，耐盐碱性强。低于16℃时停止生长，在7～10℃时叶片变成棕黄色。春天返青较早，绿期长达270 d。有较强的再生能力和覆盖能力。

观赏特性及应用：叶色亮绿，质地细腻，根系发达，根茎致密，生命力强，繁殖迅速，恢复力强，极耐践踏，是我国南方广泛栽培应用的优良草种之一。常用于绿地、公园、风景区、运动场和高尔夫球场发球区的草坪建植，也可作公路、铁路、水库等处固土护坡草坪，还可作放牧草地。

5. 假俭草（百足草、蜈蚣草）

Eremochloa ophiuroides (Munro) Hack. 禾本科　假俭草属

识别要点：多年生草本。匍匐茎发达，无根状茎。叶稍革质，长2～5 cm，宽2～3 mm；叶舌膜状，顶部有纤毛；叶环紧缩，有纤毛，叶片下部边缘有毛。总状花序，绿色，微带紫色。

生态习性：喜光，耐阴，耐干旱，较耐践踏。返青早，枯黄迟，绿色期长，喜阳光和疏松的土壤。若能保持土壤湿润，冬季无霜冻，可保持长年绿色。耐修剪，抗二氧化硫，吸尘，滞尘。

观赏特性及应用：茎叶平铺地面，枝叶茂密，叶色翠绿，可形成厚实柔软、紧密平整、富有弹性、舒适美观、极耐践踏的草坪。同时，匍匐茎发达，再生力强，蔓延迅速，其他杂草难以入侵。是理想的观光草坪，被广泛应用于园林绿地、运动草坪、护岸固堤，也可作庭园、工厂、医院、学校、居住区开放性草坪和环境保护植物。

假俭草

6. 阔叶麦冬

Liriope palatyphylla Wang et Tang

百合科　山麦冬属

识别要点：多年生草本。植株丛生，根部常膨大形成纺锤形小块根。叶丛生，革质，长20～65 cm，宽1～3.5 cm，具9～11条脉。花葶通常长于叶；总状花序，具多数花，紫色。种子球形，初期绿色，成熟后变黑紫色。

生态习性：喜阴湿温暖，稍耐寒。适应各种腐殖质丰富的土壤，以沙质壤土最好。

观赏特性及应用：叶色深绿，四季常青，枝株茂密，覆盖力强，叶面光亮，果色紫黑。可作地被、花坛、花境等边缘点缀栽植，或盆栽观赏。

阔叶麦冬

7. 沿阶草（书带草、麦冬）

Ophiopogon japonicus（L. f.）Ker-Gawl 百合科　沿阶草属

识别要点：多年生草本。根纤细，有纺锤形的肉质小块根；根状茎细短，包于叶基中。叶丛生于基部，禾叶状，下垂，常绿，长 10～30 cm，宽 2～4 mm，具 3～7 条脉。花葶长 6～30 cm，总状花序，花白色或淡紫色。种子球形，蓝色。

生态习性：耐寒力较强，喜阴湿环境，在阳光下和干燥的环境中叶尖焦黄，对土壤要求不严，但在肥沃湿润的土壤中生长良好。

观赏特性及应用：植株矮小，四季常青，适应力强，管理粗放，耐修剪，耐践踏。常作观赏草坪或林缘镶边栽植，也可作阴湿林下的地被或点缀假山。

沿阶草

8. 马蹄金（小金钱草、荷苞草）

Dichondra repens Forst. 旋花科　马蹄金属

识别要点：多年生草本，茎细长，节节生根。叶圆形或肾形，背面密被贴生丁字形毛，全缘。花冠钟状黄色，深 5 裂，裂片长圆状披针形。花期 4 月。蒴果近球形，种子被毛。

生态习性：耐阴，耐湿，稍耐旱，适应性强。

观赏特性及应用：植株低矮，根、茎发达，四季常青，抗性强，覆盖率高，堪称"绿色地毯"。适用于公园、机关、庭院绿地等栽培观赏，也可用于沟坡、堤坡、路边等固土材料。

马蹄金

9. 白三叶（白车轴草）

Trifolium repens L. 蝶形花科科　三叶草属

识别要点：多年生低矮草本。匍匐茎，掌状三出复叶，互生，叶柄细长直立；小叶倒卵形，深绿色，先端圆或凹陷，边缘具细锯齿。头状花序，花柄长，小花唇形，冠白或粉红色。荚果细小而长，种子小，心形。

生态习性：喜温凉、湿润气候，耐热，耐寒，较耐阴，耐贫瘠，耐酸，不耐盐碱。最适排水良好、富含钙质及腐殖质的黏质土壤。

观赏特性及应用：植株低矮，适应性强，主根较

白三叶

短,侧根发达,多根瘤。有早青、晚黄的特点,可观叶 180 d,观花 120 d。耐践踏,耐低割,适宜修剪,茎易倒,但不易折断,是优良的草坪植物。

10. 吊竹梅(水竹草、斑叶鸭跖草)

Zebrina pendula Schnizl. 鸭跖草科　吊竹梅属

吊竹梅

识别要点:常绿匍匐草本。分枝细长近肉质,匍匐茎节生根。叶互生,肉质,全缘,卵圆形;叶面有纵向银白色或紫色条纹,叶背紫色。花小,紫红色,花期 7—9 月。

生态习性:喜温暖湿润环境,耐阴,畏烈日直晒,适宜疏松肥沃的沙质壤土。

观赏特性及应用:叶形似竹,叶片美丽,四季常绿,轻枝柔蔓,适应力强,生长快。常于林下种植作地被或山石旁种植,或作花坛、花境配制植物,也可以盆栽悬挂室内或布置于窗台上方,让枝叶匍匐悬垂,形成绿帘。

主要栽培品种:

①四色吊竹梅(var. quadricolor):叶表暗绿色,具红色、粉红色及白色的条纹,叶背紫色。

②异色吊竹梅(var. discolor):叶面绿色,有两条明显的银白色条纹。

③小吊竹梅(var. minima):叶细小,植株比原种矮小。

④紫吊竹梅(Z. purpusii):叶形及花同吊竹梅基本相同。紫吊竹梅的株形比四色吊竹梅的略大,叶子基部多毛。叶面为深绿色和红葡萄酒色,没有白色条纹。

※ 思考题

1. 描述 3 种你所熟悉的一二年生花卉的观赏特性。

2. 用检索表区别 10 种一二年生花卉。

3. 描述 3 种你所熟悉的球根花卉的观赏特性。

4. 用检索表区别 10 种球根花卉。

5. 描述 3 种你所熟悉的宿根花卉的观赏特性。

6. 用检索表区别 10 种宿根花卉。

7. 描述 3 种你所熟悉的水生花卉的观赏特性。

8. 用检索表区别 10 种水生花卉。

9. 描述 3 种你所熟悉的蕨类植物的观赏特性。

10. 用检索表区别 10 种蕨类植物。

11. 用检索表区别 5 种草坪植物。

12. 评析多汁多浆类植物在园林绿化中的应用效果。

13. 结合自己的调查,评析草本花卉在园林绿地的应用效果。

14. 结合所学的花卉,配置一个 30 平方米的花坛花卉。

15. 按下列要求,选择合适的花卉。

(1)黄色花植物;　　　(2)红色花植物;　　　(3)紫色花植物;　　　(4)观果植物;

(5)观叶色植物;　　　(6)观叶形植物;　　　(7)春季观花植物;　　　(8)秋冬季观花植物;

(9)花叶共赏植物。

实训一　常见一二年生花卉识别

✳ 一、目的要求

复习和巩固植物形态的知识,熟悉常见的一二年生花卉的形态特征,识别常见花卉种类,熟悉花卉的习性及观赏特性,掌握花卉的园林应用。

✳ 二、材料用具

校园、标本园、花园、花圃、公园等,采集袋、标牌、枝剪、笔记本、笔、照相机等。

✳ 三、方法步骤

1. 由指导老师带领学生到实习地进行现场讲解。

2. 解剖、观察记录各种常见花卉的主要识别特征。

3. 理解各花卉植物的生态习性及观赏价值。

4. 了解各花卉植物的园林应用方式。

5. 结合工具书熟练鉴别各花卉植物。

✳ 四、结果与分析

将实训过程详细记录,并填写下列表格,体现实训操作中的主要技术环节。

标本号	种名	科名	识别要点	生态习性	园林用途

✳ 五、问题讨论

对实训过程的体会和存在的问题进行总结和讨论。

实训二　常见球根、宿根花卉识别

✺一、目的要求

复习和巩固植物形态的知识，熟悉常见球根、宿根花卉的形态特征，识别常见花卉种类，熟悉花卉的习性及观赏特性，掌握花卉的园林应用。

✺二、材料用具

校园、标本园、花园、花圃、公园等，采集袋、标牌、枝剪、笔记本、笔、照相机等。

✺三、方法步骤

1. 由指导老师带领学生到实习地进行现场讲解。
2. 解剖、观察记录各种常见花卉的主要识别特征。
3. 理解各花卉植物的生态习性及观赏价值。
4. 了解各花卉植物的园林应用方式。
5. 结合工具书熟练鉴别各花卉植物。

✺四、结果与分析

将实训过程详细记录，并填写下列表格，体现实训操作中的主要技术环节。

标本号	种名	科名	识别要点	生态习性	园林用途

✺五、问题讨论

对实训过程的体会和存在的问题进行总结和讨论。

实训三　常见水生花卉识别

✳ 一、目的要求

复习和巩固植物形态的知识,熟悉常见水生花卉的形态特征,识别常见花卉种类,熟悉花卉的习性及观赏特性,掌握花卉的园林应用。

✳ 二、材料用具

校园、标本园、花园、花圃、公园等,采集袋、标牌、枝剪、笔记本、笔、照相机等。

✳ 三、方法步骤

1. 由指导老师带领学生到实习地进行现场讲解。
2. 解剖、观察记录各种常见花卉的主要形态特征。
3. 理解各花卉植物的生态习性及观赏价值。
4. 了解各花卉植物的园林应用方式。
5. 结合工具书熟练鉴别各花卉植物。

✳ 四、结果与分析

将实训过程详细记录,并填写下列表格,体现实训操作中的主要技术环节。

标本号	种名	科名	识别要点	生态习性	园林用途

✳ 五、问题讨论

对实训过程的体会和存在的问题进行总结和讨论。

实训四　常见观赏蕨类识别

✳一、目的要求

复习和巩固植物形态的知识,熟悉常见观赏蕨类植物的形态特征,识别常见种类,熟悉其习性及观赏特性,掌握其园林应用。

✳二、材料用具

校园、标本园、花园、花圃、公园等,采集袋、标牌、枝剪、笔记本、笔、照相机等。

✳三、方法步骤

1. 由指导老师带领学生到实习地进行现场讲解。
2. 解剖、观察记录各种常见观赏蕨类植物的主要形态特征。
3. 理解各蕨类植物的生态习性及观赏价值。
4. 了解各蕨类植物的园林应用方式。
5. 结合工具书熟练鉴别各蕨类植物。

✳四、结果与分析

将实训过程详细记录,并填写下列表格,体现实训操作中的主要技术环节。

标本号	种名	科名	识别要点	生态习性	园林用途

✳五、问题讨论

对实训过程的体会和存在的问题进行总结和讨论。

实训五　常见草坪草种识别

✳ 一、目的要求

复习和巩固所学的知识,熟悉常见草坪草种植物的形态特征,识别常见草坪种类,熟悉草坪草种的习性及观赏特性,掌握其园林应用。

✳ 二、材料用具

校园、运动场、公园等,采集袋、标牌、小山锄、笔记本、笔、照相机等。

✳ 三、方法步骤

1. 由指导老师带领学生到实习地进行现场讲解。
2. 解剖、观察记录各种常见草坪植物的主要形态特征。
3. 理解各草坪植物的生态习性及观赏价值。
4. 了解各草坪植物的园林应用方式。
5. 结合工具书熟练鉴别各草坪植物。

✳ 四、结果与分析

将实训过程详细记录,并填写下列表格,体现实训操作中的主要技术环节。

标本号	种名	科名	识别要点	生态习性	园林用途

✳ 五、问题讨论

对实训过程的体会和存在的问题进行总结和讨论。

参考文献

1. 贺永清著. 家庭花经. 上海: 上海文化出版社, 2003

2. 毛洪玉. 园林花卉学. 北京: 化学工业出版社, 2005

3. 车代弟, 樊金萍. 园林植物. 北京: 中国农业科学技术出版社, 2008

4. 郭维明, 毛龙生. 观赏园艺概论. 北京: 中国农业出版社, 2001

5. 赵家荣. 水生花卉. 北京: 中国林业出版社, 2002

6. 龙雅宜主编. 园林植物栽培手册. 北京: 中国林业出版社, 2004

7. 高世良编著. 百种花卉养赏用. 北京: 北京科学技术出版社, 1998

8. 冯天哲主编. 实用养花小百科. 第 2 版(修订本). 郑州: 河南科学技术出版社, 2001

9. 林侨生. 观叶植物原色图谱. 北京: 中国农业出版社, 2002

10. 汪琼主编. 家庭养花万事通. 南京: 江苏科学技术出版社, 2004

11. 蒋青海主编. 家庭养花大全. 第 2 版. 南京: 江苏科学技术出版社, 2002

12. 曹登才编. 新编家庭养花 1000 个怎么办. 上海: 上海科学技术文献出版社, 2001

13. 包满珠. 花卉学. 北京: 中国农业出版社, 2003

14. 刘燕. 园林花卉学. 北京: 中国林业出版社, 2002

15. 张宝棣编著. 图说木本花卉栽培与养护. 北京: 金盾出版社, 2008

16. 王意成主编. 最新图解木本花卉栽培指南. 南京: 江苏科学技术出版社, 2007

17. 石雷, 李东. 观赏蕨类植物. 合肥: 安徽科学技术出版社, 2003

18. 邵莉楣主编. 观赏蕨类的栽培与用途. 北京: 金盾出版社, 2000

19. 王代容, 廖飞雄. 美丽的观叶植物——蕨类. 北京: 中国林业出版社, 2004

20. 何国生主编. 园林树木学. 北京: 机械工业出版社, 2009

21. 邱国金主编. 园林树木. 北京: 中国林业出版社, 2005

22. 赵燕海, 陈为. 福建省药用蕨类植物资源的探讨. 福建中医药. 2008, 39(4): 50～52